EXPERIENCES

ET

RÉFLEXIONS

Sur la Culture des Terres ;
faites pendant l'année 1752.

A V I S.

NOus nous fommes apperçus que l'é-
chelle qui eft fur le plan du Semoir eft
un peu trop étendue , & pour peu qu'en éxé-
cutant en grand le femoir on forçât fes dimentions , on feroit un inftrument trop
pefant ; c'eft ce qui nous engage à mettre ici
les dimentions de quelques pieces ; elles
ferviront pour établir les autres.

Pour le Semoir à trois focs la planche *SS*,
(*Pl. II. Fig. 2. & 3.*) doit avoir 30 pouces
de longueur , 13 pouces de largeur , 27 lignes d'épaiffeur. Pour le Semoir à deux focs
la même planche doit avoir 24 pouces de
longueur , 12 pouces de largeur , 23 lignes
d'épaiffeur. Les roues de l'arriere-train ont
à l'un & à l'autre 26 pouces de diametre ;
celles de devant 22.

EXPERIENCES

ET

RÉFLEXIONS

Sur la Culture des Terres ;
faites pendant l'année 1752.

Par M. DUHAMEL DU MONCEAU,
de l'Académie Royale des Sciences, de la Société
Royale de Londres, Honoraire de la Société
d'Edimbourg & de l'Académie de Marine ;
Inspecteur Général de la Marine.

Avec Figures en Taille-douce.

A PARIS,

Chez HIPPOLYTE-LOUIS GUERIN,
& LOUIS-FRANÇOIS DELATOUR,
rue S. Jacques, à S. Thomas d'Aquin.

M. DCC. LIII.
Avec Approbation & Privilége du Roi.

AVERTISSEMENT.

LE Public a fait un accueil si favorable au *Traité de la Culture des Terres suivant les Principes de M. Tull*, que nous avons fait imprimer en 1750, qu'on a été obligé d'en faire une seconde Edition qui est actuellement au jour en deux Volumes.

Le premier Tome de cette nouvelle Edition est peu différent de la premiere. Il contient les principes de la nouvelle Culture. Le second

Tome qui est divisé en trois Parties, renferme les épreuves de cette Culture, qui ont été faites par divers Amateurs d'agriculture dans les années 1750, 1751 & 1752.

Comme on a publié séparément les expériences de 1750 & 1751, on observe la même chose pour celles de l'année derniere, afin que ceux qui ont acheté la premiere Edition de cet Ouvrage, puissent avoir, à peu de chose près, l'Ouvrage complet. Ce nouveau Supplément qui forme la troisiéme Partie du second Volume de notre nouvelle Edition, eſt diviſé en trois Chapitres.

Le premier qui eſt ſubdiviſé en treize articles ou paragraphes, renferme les épreuves de la nouvelle culture qui ont été faites à Denainvilliers, à Acou, à Digny ; dans un climat ſemblable à celui de Provence ; à Haute - Fontaine près de Villiers - Cotterets ; auprès de la Rochelle ; dans le Perche ; auprès de Bayonne ; à Geneve par M. Bonnet & par M. de Châteauvieux ; & enfin aux environs de Bordeaux. On voit par-là que notre nouvelle culture n'a point été négligée. Il est vrai que dans les expériences que nous rapportons, les succès n'ont point été pareils; mais il suffit que Mrs. de Château-vieux & Vandusfeld ayent bien réussi, pour pouvoir promettre un pareil succès à ceux qui voudront pratiquer la nouvelle culture avec au-tant d'attention & d'intelli-gence qu'eux. Nous exhor-tons les amateurs d'agricul-ture à lire avec attention toutes les différentes expé-riences dont nous rendons compte ; parce que les expériences qui ont mal réuſſi, leur apprendront à ne point négliger certaines pratiques qui ſont plus importantes qu'elles ne le paroiſſent , & que le ſuccès des autres les engagera à adopter une pratique qui nous paroît toujours de plus en plus avantageuſe. Surtout , nous ne pouvons trop exhorter nos lecteurs à ne ſe point laſſer de lire avec toute l'attention poſſible , le détail des expériences de M. de Châteauvieux. Ils y verront tous les principes qui ont été éta-

blis dans notre premier Volume, prouvés par les expériences de cet excellent ob-
fervateur.

Nous avons toujours bien
penfé que pour etendre notre culture à de grandes pieces de terre, il feroit néceffaire d'avoir des inftrumens
commodes, pour exécuter ce
travail avec plus de facilité
& à moins de frais : c'eft dans
cette vue que nous avons
donné dans le fecond Cha-
pitre de la feconde partie, la
defcription d'un femoir qui
eft fimple & commode, * &

* On vend chez les mémes Libraires le

qui le fera encore plus, quand on le rendra propre à ne femer que deux rangées ; fuppofé (comme nous le croyons) que les expériences qu'on fera dans la fuite prouvent, que deux rangées font plus avantageufes que trois.

Comme il étoit indifpenfablement néceffaire de fe pourvoir des charrues propres à labourer les plate-bandes établies entre les rangées, nous y fatisfaifons dans le fecond Chapitre de cette troifieme Partie. Il eft divi-

Recueil des Expériences de 1751, où fe trouve la defcription du Semoir, & les Obfervations météorologiques faites pendant la même année 1751.

fé en cinq articles. Après une petite introduction, nous a-vons mis dans le fecond ar-ticle ou paragraphe, la def-cription d'une charrue que M. de Châteauvieux a fait exécuter : nous détaillons dans le troifiéme, celle que nous avons imaginée, & qui differe peu de celle de M. de Châteauvieux. On trouvera dans les paragraphes IV. & V. la defcription des *Culti-vateurs* fimples & doubles, qui font de l'invention de M. de Châteauvieux.

Le Chapitre troifieme contient, les Obfervations

Botanico-Météorologiques, qui ont été faites pendant l'année 1752, au Château de Denainvilliers en Gâtinois près Pethiviers.

Nous avons publié au commencement de cette an-née notre Traité de la *Con-ſervation des grains* : matie-re intéreſſante qui nous oc-cupe depuis une quinzaine d'années, & pour laquelle nous n'avons épargné ni ſoins ni dépenſes. Comme ce Traité eſt imprimée dans le même format que celui *de la Culture des terres*, on peut le regarder comme un troisieme Volume & par conséquent une suite des deux dont nous venons de tracer le plan.

Nous exhortons les amateurs d'agriculture, & ceux qui s'intéressent au bien public, à continuer de nous faire part des expériences qu'ils feront sur la culture des terres; & nous les prions d'y joindre leurs observations sur notre méthode de conserver les grains.

EXPERIENCES

ET

REFLEXIONS

Relatives au Traité de la culture des terres.

CHAPITRE I.

Expériences faites pendant l'année 1752.

I.

Suite de l'expérience faite aux environs du Château de Denainvilliers près Pethiviers, dont on a parlé dans les Journaux de 1750 & de 1751.

LE même particulier qui a semé suivant nos principes une piéce de terre, en 1750 &

en 1751, a continué à la mettre en froment en 1752, sans la fumer.

La récolte de cet arpent de terre n'a été cette année que de 16 boisseaux, ce qu'on peut attribuer en partie à la grêle du 10 Juillet, qui a endommagé cette piéce comme celles qui l'environnoient. Mais nous ne devons pas dissimuler qu'indépendamment de cet accident, ce champ ne promettoit pas un grand succès. L'herbe avoit été rouillée comme celle des autres champs ; mais les pluies qui survinrent à la fin de Juillet, & les labours qu'on donna dans ce tems, ranimérent la végétation ; les plantes qui n'avoient point tallé dans la saison convenable, pousferent de nouveaux jets, & de petits épis qui étoient trop tardifs pour arriver à une parfaite maturité, parce qu'on fut obligé de tout scier quand le grain fut

bien

bien formé dans les principaux épis. Nous croyons appercevoir plusieurs causes de cet accident. 1°. Ce grain avoit été semé tard & nous pensons qu'en suivant notre méthode, il faut semer les terres de bonne heure. La séchereſſe de cette automne ayant encore obligé de semer ce champ fort tard, nous examinerons s'il n'en résultera pas des inconvéniens pour la prochaine récolte. 2°. Comme les plate - bandes de ce champ étoient cultivées à bras, le particulier se contentoit de détruire l'herbe par des façons légéres, à peu près comme celles qu'on donne aux allées d'un jardin : il en résultoit le double inconvénient, que le froment actuellement pouſſant n'étoit pas bien cultivé, & que la terre étoit mal préparée pour l'année suivante ; cet inconvénient ne doit plus avoir lieu dans la suite, parce que dorénavant cette terre fera labourée avec une charrue. 3°. La multiplicité des travaux de la campagne empêche fouvent qu'on les faffe tous dans les tems convenables, & le champ dont il s'agit, ayant été labouré trop tard au printems, il en a refulté que les piés ont peu tallé. Cette obfervation nous perfuade de plus en plus de l'importance qü'il y a à donner les labours dans les faifons qui font indiquées dans le I. Volume, Chap. XVI. *pag.* 216. & *pag.* 205. de la premiere Edition. Cette vérité fera pouf-fée jufqu'à la démonftration, par les expériences de M. de Châ-teauvieux, qu'on trouvera ci-après.

I I.

*Expérience faite au Château de De-
nainvilliers , pour connoître lequel eſt le plus avantageux de
ſemer à 2 ou à 3 rangées.*

Il n'eſt pas encore bien décidé lequel ſeroit le plus avantageux ou de ſemer comme nous
avons fait , trois rangées à 7 pouces les unes des autres , en don-
nant aux plate-bandes 4 piés de
largeur ; ou de ne ſemer que deux
rangées ſur chaque planche , en
ne faiſant les plate-bandes que
de trois piés.

Pour tenter par expérience ,
laquelle des deux méthodes ſeroit la plus avantageuſe , nous
avons fait ſemer un champ partie à trois rangées , & partie à
deux.

On a moiſſonné ce champ le
8 Aouſt , quoique le grain ne fût

pas bien mûr, parce que les oifeaux auroient tout mangé : cette terre étant entre un bois & un
verger , les oifeaux fortoient du
bois en prodigieufe quantité, &
alloient alternativement dans le
champ où ils trouvoient du grain,
& dans le verger ou il y avoit
abondamment de grofeilles;ainfi
on ne peut rien établir fur le produit des rangées doubles ou triples. On a été réduit à faire les
obfervations fuivantes.

On a récolté un pareil nombre de gerbes , & de même groffeur dans les planches qui n'é-
toient femées qu'à deux rangées,
comme dans celles qui l'étoient
à trois.

La paille des planches à deux
rangées étoit beaucoup plus
longue que celle des planches à
trois rangées.

Les épis des rangées doubles
étoient beaucoup plus gros &

plus longs que ceux des rangées triples.

Enfin tous ceux qui vifiterent ce champ penfoient qu'il devoit y avoir plus ou au moins autant de grains dans les planches à deux rangées que dans celles à trois: néanmoins nous ne rapportons cette expérience que pour engager les amateurs d'agriculture à en faire, qui mettent en état de conftater un fait qui eft fort intéreffant; car s'il étoit bien établi que deux rangées produifent prefque autant que trois, on en retireroit un grand avantage, fur-tout maintenant qu'on a des charrues qui peuvent labourer des plates-bandes qui n'auroient que trois piés de largeur.

I I I.

Expérience faite au Château de Denainvilliers, sur un champ semé en plein avec notre semoir.

Nous avons donné l'année derniere, la description d'un semoir qui est fort commode pour semer les planches par rangées doubles ou triples. Comme nous éprouvions cet instrument que nous venions de faire exécuter, il nous vint dans la pensée de l'employer pour ensemencer en plein un petit champ, sans interrompre les rangées par des plate-bandes. Il a été très-bien semé, & quoiqu'on eût moins mis de semence que dans les terres semées à l'ordinaire, il étoit autant fourni d'épis que les autres, dans le tems de la moisson.

M. de Montesui qui a une terre auprès de Seaux, ayant fait

exécuter notre semoir sur la description que nous en avons donnée, s'en est servi pour ensemencer cette automne toutes ses terres; il a employé beaucoup moins de semence qu'il n'auroit fait, & il m'a assuré qu'elles étoient suffisamment garnies.

On trouvera dans la suite cette même épreuve, très-bien exécutée par M. de Châteauvieux.

I V.

Suite de l'expérience faite à Acou, dont nous avons parlé dans les Journaux d'expérience des années 1750. & 1751.

Le même particulier ayant continué à cultiver son petit morceau de terre suivant nos principes, & sans le fumer, a recueilli sur le pié de 70 boisseaux par arpent.

Au lieu de semer, suivant l'ufage ordinaire, douze boiſſeaux de froment chotté, il n'a pas employé pour ſemer un arpent deux boiſſeaux de ſemence; ainſi on peut évaluer la récolte au moins à 80 boiſſeaux de très-beau froment.

Il n'y avoit point de terre cultivée à l'ordinaire pour ſervir de comparaiſon, mais le propriétaire eſt ſatisfait de ſa récolte, qui eſt au moins de 40 pour un.

V.

Expérience faite par M. le Chevalier de Laumoi à ſa terre de Digny, qui prouve qu'il y auroit de l'inconvénient à trop ménager la ſemence.

Quelques perſonnes ont reproché à notre ſemoir de répandre la ſemence confuſément & par une eſpece de trainée; ce n'eſt pas, ſuivant moi, un défaut;

faut : car il faut bien se donner de garde de ne mettre en terre que la quantité de semence qui est nécessaire pour la garnir d'un nombre suffisant de piés. On voit dans le Journal des expériences de 1751, que M. de Châteauvieux a eu une partie de son grain détruit par les insectes, & que cet accident a beaucoup diminué la récolte qu'il auroit dû faire. Les insectes ont dévoré tous les piés de froment dans un champ que M. de Laumoi avoit semé suivant nos principes. Ainsi, quoiqu'il fût suffisant d'avoir au printems les piés de froment à 5 ou 6 pouces les uns des autres, il est absolument nécessaire de semer beaucoup plus épais, tant à cause des grains qui ne germent pas que pour subvenir aux désordres que font presque toujours les insectes.

Nous disons, Art. 2. Chap. X.

du I. Tom. de cet Ouvrage, que
fi on s'eſt aſſuré que tous les grains
ſont capables de germer, *on pour-*
ra compter qu'ils réuſſiront tous, à
moins qu'ils ne ſoient endommagés
par les inſectes : cette reſtriction
étoit néceſſaire, comme on le
voit par l'expérience de M. de
Laumoi, & par celles de M. de
Châteauvieux qui a été privé
d'une partie de ſa récolte pour
avoir employé trop peu de ſemence. Et on fera encore plus
convaincu de cette vérité, quand
on aura fait les réflexions ſui-
vantes, qui prouvent que, ſuivant
l'uſage ordinaire, il y a une pro-
digieuſe quantité de ſemence
perdue.

En ſuivant l'uſage ordinaire,
les grains qui réuſſiſſent, produi-
ſent, les uns un ſeul épi, d'autres deux, d'autres trois ; quelques-uns en fourniſſent quatre :
mais pour réduire tout à un pié

moyen, je suppose que chaque pié de froment produise deux épis ; je suppose encore que chaque épi réduit à une somme moyenne, contienne trente grains. Suivant cette hypothèse chaque grain de froment devroit produire soixante grains ; néanmoins il est d'expérience que la récolte est réputée bonne, quand elle fournit quatre pour un : ainsi on peut compter, que dans les sémailles ordinaires, de quinze grains qu'on met en terre il n'y en a qu'un qui réussisse.

On trouvera dans les expériences de M. de Châteauvieux, une observation qui confirme ce que nous venons d'avancer.

Par notre semoir, 1°. on fait les rigolles aux distances qu'on désire. 2°. On met la semence à une profondeur convenable. 3°. Il n'y a presque aucun grain qui ne soit enterré, 4°. Enfin le

femoir répand dans les rigolles à peu près la quantité de femence qui eft néceffaire, relativement aux défordres qu'on juge devoir arriver. Ainfi, quoique
celui que nous avons imaginé
forme une trainée au lieu de diftribuer les grains un à un, il a
tous les avantages qu'on peut
défirer; car à quoi ferviroit une
diftribution plus réguliére, puifqu'on ne peut pas prévoir les
grains qui feront mangés par les
infectes, ou ceux qui périront par
quelque autre accident. D'ailleurs dans les grandes opérations,
fur-tout celles qui doivent être
exécutées par des gens groffiers,
il faut fe contenter d'un à peu
près; & nôtre femoir, malgré l'ir-
régularité de la diftribution de
la femence, produit une écono-
mie confidérable.

Nous donnerons dans la fuite
la defcription d'un femoir ima-

giné par M. de Châteauvieux ,
qui a l'avantage de diſtribuer la
ſemence plus réguliérement ;
mais il n'eſt pas à beaucoup près
ſi ſimple que le nôtre.

V I.

Expérience faite dans un climat qui
reſſemble à peu près à celui de Pro-
vence, par une perſon̄e qui ne veut
pas être nommée; la mêm̄e qui avoit
fait les expériences dont il eſt parlé
ci-devant dans le Journal de 1751.
§. V. p. 69. & p. 28. de la pre-
miere Edition.

La perſonne dont il s'agit ,
commence par me prévenir que
des abſences forcées l'ayant obligé de confier l'exécution de l'expérience à un payſan qui étoit
oppoſé à nos principes, elle avoit
été mal exécutée , les rangées
ayant été placées à de trop grandes diſtances les unes des autres,
& les labours mal faits : d'où il

a réfulté que le produit de la
terre cultivée fuivant nos principes a été beaucoup moindre
que celui du champ voifin cultivé à l'ordinaire , quoique dans
ce dernier champ , on n'ait recueilli que cinq pour un , & que
dans celui cultivé fuivant nos
principes on ait récolté 7 pour
un.

Pour que la nouvelle culture
foit avantageufe , il faut qu'une
quantité de terre femée fuivant
nos principes , produife à peu
près autant de grain , (en comprenant dans la récolte ce qu'on
économife fur la femence ,) que
produit un champ de même é-
tendue , & d'une terre pareille
étant cultivée à l'ordinaire. On
fe convaincra que cette égalité
de récolte eft fort avantageufe ,
en faifant attention que le même champ produit tous les ans
du froment.

Je dois de plus avertir qu'on ne peut pas efpérer de parvenir à l'égalité de récolte dont nous parlons, en faifant les plate-bandes de 6 piés de largeur; il fuffit qu'elles ayent trois ou au plus quatre piés, & avec la charrue dont nous donnerons la defcription, on parviendra à labourer aifément ces plate-bandes.

Le même correfpondant me fait part d'une obfervation qu'il a faite & qui, dit-il, eft bien propre à prouver ce que la bonne culture peut opérer fur la production des grains, & combien il eft avantageux de ne point femer trop épais. Je copie exactement fa lettre.

» Le champ dont il s'agit, femé
» en avoine, étoit voifin d'un pré;
» le propriétaire, avant de femer
» l'avoine, avoit creufé un petit
» foffé de 8 à 10 pouces entre la
» terre & le pré, pour faire couler

» l'eau qui devoit arrofer le pré :
» la terre du foffé avoit été rejet-
» tée fur le bord du champ où
» elle faifoit une petite chauffée
» de la largeur de 18 à 20 pou-
» ces, fur laquelle on avoit femé
» de l'avoine comme fur le refte
» du champ qui avoit été labou-
» ré à la charrue. La petite chauf-
» fée faifoit, du côté du foffé, un
» talus fur lequel il étoit tombé
» dans toute la longueur quel-
» ques grains d'avoine. Ces
» grains, pour ainfi dire ifolés,
» étoient éloignés les uns des
» autres d'environ 6, 7, 8 pouces,
» & ils avoient produit 18, 20, 25
» tuyaux dont la paille étoit plus
» longue & plus forte que celle
» des grains venus fur la chauffée,
» quoique ceux-ci fuffent beau-
» coup fupérieurs aux grains du
» refte du champ.

» Pour faire une comparaifon
» plus exacte, je pris dans les

» trois différens endroits un des
» plus beaux piés que je pus
» trouver. Celui qui étoit du mi-
» lieu du champ avoit deux piés
» cinq pouces quatre lignes de
» longueur , & contenoit 91
» grains d'avoine : celui de la
» chauffée avoit 3 piés 9 pou-
» ces 2 lignes de hauteur , &
» renfermoit 165 grains. Enfin
» celui qui étoit fur le talus avoit
» 4 piés 9 pouces de hauteur,
» & fournit 214 grains; la pail-
» le de celui-ci étoit beaucoup
» plus forte , & les grains plus
» gros & mieux nourris que ceux
» du champ; de forte que j'efti-
» me qu'en les méfurant au boif-
» feau, il auroit fallu un tiers
» moins de ces grains que des
» autres pour le remplir. »

V I I.

Extrait d'une Lettre de M. VERON, Curé de Hautes - Fontaines près Villiers - Cotterets, qui rapporte des expériences qu'il a faites en petit ſur notre façon de cultiver la terre : il y parle des avantages d'un froment qu'on nomme dans ſon pays blé locart ; enfin il dit quelque choſe de la Nielle.

Le dernier jour de Novembre 1750, M. Veron fit ſemer 150 grains de froment ordinaire : de ſorte que chaque grain étoit éloigné des autres d'un pié en tout ſens. Au printems ſuivant il ne s'en trouva que 70 qu'il fit cultiver comme des plantes potagéres : auſſi dans le tems de la moiſſon pluſieurs grains avoient produit 36 & 38 épis, qui la plûpart contenoient 50 grains : c'eſt dix-huit cent pour un.

Voilà une multiplication prodigieufe qu'on ne pourra jamais
obtenir qu'en petit, parce qu'il
n'eft pas poffible de donner à une
grande étendue de terre une culture auffi parfaite, qu'à la plate-
bande que M. Veron fe faifoit
un plaifir de faire cultiver avec
tout le foin poffible ; mais cette expérience démontre parfaitement qu'on eft toujours récom-
penfé de l'attention qu'on apporte à bien cultiver la terre.

Animé par ce fuccès, M. Veron a fait une expérience un peu
plus en grand au mois d'Octobre
1751. Il choifit un petit morceau
de terre d'affez mauvaife qualité,
contenant un feiziéme d'arpent;
il le fit labourer à la bêche, &
divifer en planches de quatre piés
de largeur : un demi-boiffeau de
blé locart mefure de Paris, fut
femé dans des fillons peu profonds & éloignés les uns des au-

tres de huit pouces.

Un Curé du voisinage avoit semé la même quantité du même grain, suivant l'usage ordinaire dans un morceau de terre de même grandeur , mais de meilleure qualité. Il a recueilli onze gerbes qui lui ont donné sept boisseaux de grain ; & M. Veron a dépouillé vingt-cinq gerbes qui ont rendu vingt-cinq boisseaux, quoiqu'il n'eût fait donner qu'un labour à la fin de Mai.

Ce champ a été semé beaucoup trop épais , & on auroit eu une meilleure récolte si l'on avoit suivi plus exactement ce que nous conseillons.

M. Veron propose de semer dans les terres de médiocre qualité le grain qu'il appelle blé locart.

1°. Parce qu'il est moins délicat sur la nature du terrain. 2°. Parce que les épis contiennent plus de grains. 3°. Les grains font plus gros : deux épis lui ont fourni 156 grains dont dix-neuf pefoient plus que quarante-deux du froment ordinaire. Enfin il a le grand avantage d'être moins endommagé par les bêtes fauves, quand on eft dans le voifinage des forêts ; & cet avantage fait, dit Monfieur Veron, que ce grain fe vend trente-fix livres pendant que le froment ne coûte que 24 livres.

M. Veron remarque qu'il n'a pas eu un grain charbonné , ce qu'il attribue à la précaution de faire tremper (comme le confeille M. Bradley) la femence pendant 30 heures dans une forte folution de fel marin & d'alun. Un de fes confreres qui n'avoit point paffé fa femence ni dans la chaux, ni dans l'alun, ni dans le fel marin , a eu la moitié de fon blé niellé ou charbonné. Une

feule expérience ne fuffit pas
pour perfuader de l'avantage
qu'on peut efpérer de la faumure
que nous avons confeillé d'é-
prouver , Tom. I. Ch. XVIII.
de nôtre ouvrage ; mais elle doit
engager les amateurs d'agriculture à la répéter.

M. Veron a trouvé cinq tiges
de millet , qui contenoient dans
une enveloppe de la groffeur d'u-
ne petite noix , de la poufliére
noire femblable au blé niellé. Il
feroit à fouhaiter que tous les
Curés , à l'imitation de M. Veron , après avoir fatisfait à leurs
devoirs fpirituels, s'appliquaffent
comme lui à exciter l'émulation
de leurs habitans.

VIII.

Extrait d'une Lettre de M. Har-
rouard de la Rochelle, du 30.
Novembre 1751 : examen d'u-
ne difficulté qui se présente pour
l'établissement de nôtre façon de
cultiver les terres.

L'automne 1751 , M. Har-
rouard fit labourer à la main , &
semer 15 sillons suivant l'usage
ordinaire ; dans le même tems,
il fit semer la même quantité de
terre suivant nos principes.

A la moisson, la piéce cultivée
suivant nos principes a donné
quinze gerbes plus que l'autre
champ , & ces quinze gerbes
ont fourni quatre boisseaux de
froment. M. Harrouard dit qu'il
a été étonné de cette forte augmentation. Je ne puis donner
une idée plus exacte de cette
expérience , parce que j'ignore
quelle est la grandeur du bois-

seau, dont parle M. Harrouard,
& la quantité de semence qu'il
a employée dans l'un & l'autre
champ. Mais M. Harrouard propose une difficulté qui l'empêche
d'établir en grand cette culture :
la voici.

» Lorsqu'un chantier qui est
» tout en froment, appartient à
» différens particuliers, les la-
» bours étant faits avant les sémail-
» les, les chevaux & les charrues
» tournent sur les terres non se-
» mées, & elles ne causent aucun
» dommage. En suivant la nou-
» velle culture, il faut labourer
» les terres en différens tems de
» l'année ; lorsqu'elles sont em-
» blavées, il n'y a plus moyen a-
» lors de tourner la charrue sur
» les terres des voisins, puisqu'on
» endommageroit beaucoup de
» grain : il faut donc tourner sur
» son propre terrain dont le pro-
» duit sera diminué de cette éten-
» due. »   J'ai

J'ai éprouvé cette difficulté, & je m'étois proposé de l'expofer dans nos Journaux, quand même M. Harrouard ne m'y auroit pas engagé : Voici les réflexions que j'ai faites à ce fujet.

1°. Si la piéce qu'on veut cultiver fuivant nos principes, eft petite & enclavée de toute part dans des champs enfemencés, il en réfultera infailliblement une perte affez confidérable de terrain.

2°. Si la piéce a beaucoup d'étendue la perte du terrain fera d'une moindre conféquence.

3°. Comme on laboure les terres toujours dans le même fens, il eft clair que plus la piéce aura de longueur, moins il y aura de dommage : ainfi il conviendra de former les plates-bandes & les planches, dans le fens où la piéce aura plus d'étendue ; car fi les riages étoient fort longs , le

C

dommage ne feroit pas fenfible.

4°. Avec la charrue dont nous donnerons la defcription à la fin de ce Journal, on peut, fi on y prend attention, tourner dans un affez petit efpace : ainfi il y aura moins de terre d'endommagée : pour cela le cheval étant au bout du champ en *A* ; (*Voyez Planche VII. fig.* **) & la charrue en *B*, le charretier levera la charrue; il fera tourner le cheval en *C*, & il conduira fa charrue comme une brouette pour piquer en ce même endroit. De même le cheval étant rendu en *D* & la charrue en *E*, il la lévera, & la pouffera devant lui, jufqu'à ce qu'elle foit en *F*. De cette façon il ne reftera au bout de la piéce qu'un très-petit chemin ; mais le labour ceffera vers *B* & vers *E* à une diftance de quelques piésdu bout de la platebande, ce qui obligera de labourer ces endroits à la main.

5°. Lorſque les terres aboutiſ-
ſent ſur des chemins, ſur des près,
&c. la difficulté de M. Harrouard
n'a point lieu.

I X.

*Extrait d'une Lettre de M. le Baron
de MESLAI, Lieutenant Gé-
néral d'Artillerie, dans laquelle
il me fait part d'une petite expérience, qui a été faite à ſa terre
de la Pelleterie dans le Perche,
& d'une autre auprès de Mortagne.*

».Pour le premier eſſai qui a
» été fait à la Pelleterie, on avoit
» ſemé dans quelques planches
» de potager du froment d'hyver,
» en mettant quatre rangées ſur
» chaque planche qui avoit ſix
» piés de largeur ; les rangées
» étoient éloignées les unes des
» autres de 6 pouces, & les grains
» étoient à un pié l'un de l'autre
» dans la file des rangées.

C ij

» Faute d'avoir pris la précau-
» tion d'éprouver la semence
» comme on l'a recommandé
» dans le traité de la culture des
» terres, plusieurs grains n'ont
» pas levé, mais les autres ont
» fourni 30, 40 & 60 épis, de
» près de 6 pouces de longueur.

» Mais ce froment qui avoit été
» semé fort tard, n'a fleuri qu'a-
» près les autres, & dans une sai-
» son fort défavantageuse, à cau-
» se des pluyes continuelles; les
» grains n'ont pû parvenir à une
» parfaite maturité, les oiseaux
» ont dévoré le meilleur, & on
» n'a récolté que de la paille.

» L'autre essai s'étoit fait à
» Mortagne, avec du blé de Mars
» & de l'orge qui ont très-bien
» réussi, excepté l'accident des
» oiseaux, qui est commun à tous
» les petits essais.

On peut conclure de ces expériences qu'il faut mettre en

terre un furcroît de femence pour
fuppléer aux grains qui ne lèvent
pas , & aux défordres que cau-
fent les infectes. Outre cela, j'ai
toujours penfé , comme M. de
Meflai, qu'il faut femer de bonne heure les grains qu'on fe propofe de cultiver fuivant nos principes.

X.

*Extrait d'une Lettre de M. V*AN-
DUSFEL *, qui me fait part d'une
expérience exécutée entre Bayonne & Dax , dans laquelle un arpent a été femé par rangées fimples , féparées par des plates-bandes très - étroites , qu'on a néanmoins labouré avec une forte de
charrue , qu'on peut comparer au
Cultivateur de M. de Châteauvieux , dont on trouvera ci-après
la defcription.*

» Ayant voulu parler aux pay-

» sans d'une terre que j'ai entre
» Bayonne & Dax, de votre fa-
» çon de cultiver les terres, ils
» ont été effrayés par la grande
» largeur des plate-bandes ; ils
» ne peuvent se persuader que
» les racines du froment s'éten-
» dent assez loin pour profiter de
» tout ce guéret. »

Les paysans peuvent bien avoir raison, mais j'ai cru d'abord qu'un espace de 4 piés étoit nécessaire pour pouvoir labourer les plate-bandes avec une charrue : maintenant je pense qu'au moyen de la charrue dont on trouvera dans la suite la description, on pourra réduire la largeur des plate-bandes à trois piés, sur-tout si on se contente de ne mettre que deux rangées de froment sur chaque planche.

» Je crois néanmoins que cet-
» te culture peut être très-avan-
» tageuse pour les pays où une

» partie des terres se repose; mais
» dans ce pays-ci, toute la terre
» est ensemencée ; car depuis
» Décembre jusqu'en Aoust elle
» porte du froment : on ne la la-
» boure qu'en Avril de l'année
» suivante pour y semer du mays
» dont on fait la récolte au com-
» cement d'Octobre, & on seme
» du froment dans la même terre,
» dès le mois de Décembre sui-
» vant. Ce dernier grain se cul-
» tive à mon avis fort mal, puis-
» qu'il se trouve si épais qu'on ne
» peut le sarcler qu'avec de pe-
» tits crochets, & que pour peu
» que le froment soit haut , on
» n'y peut plus toucher; mais le
» mays y est parfaitement bien
» travaillé : les grains étant éloi-
» gnés les uns des autres de deux
» piés, on le sarcle avec des pio-
» ches qui labourent profondé-
» ment. On passe même une
» charrue sans coutre, dont le soc

» qui forme un fer de lance eſt
» large d'un pié ; cet ouvrage fait
» un ſillon entre les rangs &
» chauſſe les piés de mays. »

M. Vandusfel a bien raiſon de dire, que notre culture ſera moins avantageuſe dans une terre qui produit tous les ans, tantôt du froment & tantôt du mays , que dans celles qui ſe repoſent ; & ce qu'il nous apprend de la culture des terres , qui eſt en uſage dans le pays où ſa terre eſt ſituée , nous engage à faire remarquer, 1°. Que les labours profonds qu'on donne à la terre pendant qu'elle produit le mays , contribuent à la préparer à recevoir du froment peu de tems après la récolte du mays. 2°. Que la charrue dont il parle , revient aſſez à celle que M. de Châteauvieux appelle le Cultivateur, du moins nous le penſons ainſi ; & on jugera ſi nous ſommes fondés

dans

dans ce sentiment, quand nous aurons décrit ce cultivateur de M. de Châteauvieux.

» J'ai pensé, continue M.
» Vandusfel, que le froment cul-
» tivé de même réussiroit puis-
» qu'il ne s'agit, suivant vous, que
» de donner aux plantes une ter-
» re bien remuée, & assez d'es-
» pace pour que les racines s'é-
» tendent.

» Le mois de Novembre 1751,
» je fis semer un arpent de terre
» d'une qualité fort médiocre; il
» fut fumé avec peu & de mau-
» vais fumier : je le fis semer par
» rangées simples éloignées de
» deux piés ; mais les grains fu-
» rent répandus en assez grande
» quantité dans les rangées ; on
» forma un petit sillon entre cha-
» que rang.

» On employa pour semer cet
» arpent, la moitié d'une conque
» ou 35 liv. de froment ; mais au

D

» printems il fallut arracher au
» moins la moitié des piés ; ainfi
» il auroit fuffi d'y femer 17½ liv.

» J'ai fait labourer à différen-
» tes reprifes ces petites plate-
» bandes avec des bœufs qui paf-
» foient dans les plate - bandes
» voifines de celle ou étoit la
» charrue. Je crois qu'il vaudroit
» mieux mettre les bœufs à la
» file dans la même plate-bande
» qu'on laboure , parce qu'ils ne
» trépigneroient pas la terre qui
» vient d'être labourée.

» Dès que les tuyaux ont été
» un peu élevés, je n'ai fait tra-
» vailler les plate - bandes qu'à
» la main.

» La récolte a été de 25 me-
» fures , ou onze conques ½ , ou
» 805 liv. de froment. »

On ne peut qu'approuver la
conduite de M. Vandusfel qui a
fçû approprier la culture de fes
terres à nos principes. Néan-

moins nous lui avons conseillé
d'essayer s'il n'y auroit pas plus
d'avantage à semer deux rangées à 6 ou 7 pouces l'une de
l'autre, en faisant les plate-bandes de 3 piés de largeur. On
pourroit, en suivant cette méthode, faire tous les labours avec
la charrue dont nous donnerons
la description. Les avantages que
nous croyons qu'on retireroit de
cette pratique, seroient : 1°. D'é-
pargner les labours à bras. 2°. De
se procurer une plus abondante
récolte, parce qu'on doubleroit
le nombre des rangées, pendant
qu'on n'augmenteroit la largeur
de chaque plate-bande que d'un
pié. 3°. De se mettre en état de
récolter tous les ans du froment
dans la même terre. 4°. On pourroit même dans les excellentes
terres très-fumées, & en élar-
gissant tant soit peu les plate-
bandes, ne se pas priver de la ré-

D ij

colte du mays ; car le froment étant femé en Décembre, on pourroit labourer les plate-bandes en Février, les labourer encore en Avril avant de femer le mays , qui n'empêcheroit pas qu'on ne donnât avec la charrue fans coutre un petit labour entre le froment & le mays, en Juin & en Juillet. Au refte j'ai foumis ces idées aux réflexions de M. Vandusfel qui a jugé à propos d'en faire l'épreuve dès cette année.

Quoi qu'il en foit , M. Vandusfel en femant, comme on a dit , par rangées fimples, a employé pour femer fon arpent, une demi conque ou 35 liv. de froment ; mais il en a détruit au printems au moins la moitié ; ainfi fon champ auroit pû être enfemencé avec un quart de conque ou $17\frac{1}{2}$ liv. de grain. Cette petite quantité lui a produit 805 livres; ainfi la récolte eft de 46 pour un.

Dans les terres de pareille qualité il faut deux conques ou 140 liv. pour enfemencer un arpent, & la récolte ordinaire eft de 8 conques ou 560 livres. Quoiqu'elle n'ait pas été auffi avantageufe cette année dans les champs voifins de celui de M. Vandusfel, nous la compterons fur ce pié, & néanmoins la récolte ne fe trouve que de 4 pour un ; de forte qu'en comprenant l'œconomie de la femence, la récolte du champ d'expérience a été prefque double de celle des autres. Auffi tout le monde a-t-il trouvé cette récolte bien avantageufe, & on eft tenté de fuivre l'exemple de M. Vandusfel.

Il y a des terres baffes qui donnent jufqu'à 20 conques de froment par arpent, & l'année d'après 40 de mays ; mais ces

D iij

excellentes terres font fort rares; & l'expérience a été faite fur des hauteurs dans des terres de médiocre qualité. On ne parvient à tirer des unes & des autres un produit annuel auffi confidérable, qu'en multipliant les engrais, fumier, marne ou terreau; & il a été dit que le champ d'expérience avoit été mal fumé.

X I.

Extrait d'une lettre de M. Bonnet, de la Societé Royale de Londres, Correfpondant de l'Académie des Sciences, dans laquelle on détaille plufieurs expériences qui ont été faites aux environs de Geneve.

» Mes expériences fur les blés
» exécutées moins en grand que
» celles de M. de Châteauvieux,
» n'ont pas eu un fuccès fi bril-
» lant : elles méritent néanmoins
» d'être remarquées.

» Neuf onces de froment fe-
» mé & cultivé fuivant la nou-
» velle méthode dans un champ
» qui n'avoit reçu aucun engrais,
» & dont le terrain léger,& affez
» graveleux, avoit porté la mê-
» me année du froment, & n'a-
» voit pu être labouré qu'une
» feule fois, ont produit 657 on-
» ces ; ainfi en fouftrayant la fe-
» mence,il refte de bénéfice 648
» onces de froment.

   » Les grains avoient été efpa-
» cés à trois pouces, diftribués
» fur trois rangées diftantes les
» unes des autres d'environ 8
» pouces.

   » Les planches avoient trois
» piés de largeur ainfi que les
» plate-bandes,& l'efpace qu'el-
» les occupoient, avoit 27 toifes
» de longueur fur 2 toifes $\frac{1}{2}$ de
» largeur. La toife quarrée de
» ce pays contient 64 piés quar-
» rés.

D iv

» Un espace égal du même ter-
» rain , ensemencé à la maniere
» ordinaire, & qui avoit reçu 414
» onces de froment , n'a fourni
» que 1232 onces. Si on souf-
» trait la semence , la récolte
» sera réduite à 818 onces.» C'est
170 onces plus que le champ
cultivé suivant nos principes.

» Si on fait attention à toutes
» les circonstances de cette ex-
» périence , on trouvera qu'elle
» est très-propre à confirmer les
» avantages de la nouvelle cul-
» ture. Mes planches m'ont ren-
» du 62 pour un , tandis que le
» champ cultivé à l'ordinaire ,
» n'a fourni que trois pour un ,
» & même un peu moins. Il est
» évident que si j'eusse semé 18
» onces de grain dans mes plan-
» ches, au lieu de 9. j'aurois plus
» recuilli de grain qu'avec les
» 414 onces que j'ai semé dans
» le champ cultivé à l'ordinaire.»

Il n'eſt pas douteux que M. Bonnet n'eut pû charger ſon plan d'un plus grand nombre de plantes ; car l'eſpace compris d'une rangée à l'autre étoit bien grand, & M. Bonnet ne marque point ſi les rangées étoient ſuffiſamment garnies. Il nous a écrit qu'il avoit en vue d'expérimenter ſi les piés de froment mis à une ſi grande diſtance l'un de l'autre, ne talleroient pas plus qu'ils n'ont fait : cette expérience l'a décidé ; & il nous avertit que cette année il a ſemé plus épais que la précédente.

» Mes blés tant ceux de la nou-
» velle culture que ceux de l'an-
» cienne , ont verſé après un
» grand orage qui arriva le 30
» Juin dernier ; & ils ne ſe ſont
» relevés qu'imparfaitement. Des
» coups de ſoleil ſurvenus après
» de grandes pluies , ont ſur-
» pris le blé de la nouvelle mé-

» thode, pendant qu'il étoit en-
» core en feve : la paille a noirci
» çà & là , & le grain a été un
» peu échaudé ; de forte que la
» mefure de ce grain n'a pefé
» que 432 onces, tandis que cel-
» le du blé cultivé à l'ordinaire
» a pefé 477 onces. Mais ce cas
» eft particulier à mon expérien-
» ce, & M. de Châteauvieux ne
» l'a pas éprouvé.

» Au refte j'ai moiffonné le
» blé de la nouvelle culture 12
» jours plus tard que l'autre. C'eft-
» là un des inconvéniens de cet-
» te méthode : elle tient le blé
» plus longtems en feve ; ainfi
» elle le laiffe plus longtems ex-
» pofé aux divers accidens qui le
» menacent. On préviendra peut-
» être cet inconvénient en fe-
» mant plutôt qu'on ne fait à
» l'ordinaire, ou en retranchant
» quelqu'un des derniers labours:
» mais cet inconvénient paroîtra

» de peu de conféquence, fi on
» fait attention aux grands avan-
» tages de la nouvelle culture,
» à l'épargne de la femence, à
» celle des engrais, à la quanti-
» té des produits ; & quand on
» confidérera que par cette mé-
» thode on enfemence les terres
» toutes les années, & que loin
» de s'épuifer, elles acquierent
» une grande fécondité. »

Je penfe comme M. Bonnet.
Je l'ai déja dit en plufieurs oc-
cafions ; il faut femer de bonne
heure les terres qu'on deftine à
la nouvelle culture ; car je crois
qu'il faut beaucoup multiplier les
premiers labours qui donnent de
la vigueur aux plantes & qui les
font taller. L'expérience nous ap-
prendra s'il convient de les fuppri-
mer aux approches de la moiffon.

» Je crois, M. vous avoir déja
» informé de la maniére dont on
» feme les terres dans plufieurs

» endroits de ce pays. Sur le der-
» nier labour on répand une par-
» tie du grain qu'on se propose
» de semer ; on ouvre ensuite de
» larges sillons, sur lesquels on
» répand le reste du grain qu'on
» enterre avec la herse. Considé-
» rant des champs qui venoient
» d'être ensemencés de cette
» maniére , j'ai été surpris de la
» quantité de grain que j'ai trou-
» vé répandue sur la surface de
» la terre ; ce qui m'a fait pen-
» ser qu'il conviendroit de semer
» d'une façon toute opposée.
» Ainsi je n'ai fait répandre le
» grain qu'au fond des sillons en
» maniére de traînée , dans un
» champ bien fumé de 116 toi-
» ses de longueur, sur $2\frac{1}{2}$ de lar-
» geur, dont le terrain étoit sem-
» blable à celui des expériences
» précédentes. J'ai donc parta-
» gé ce champ en huit parties
» égales , quatre desquelles ont

été enſemencées à la maniére
ordinaire avec 846 onces de
froment : les quatre autres ont
été ſemées en ſillons, & n'ont
reçu que 45 onces de grain.

» J'ai fait la diſtribution de
» mon champ, de façon que la
» premiere planche a été ſemée
» en ſillons ; la ſeconde à la ma-
» niére ordinaire ; la troiſiéme en
» ſillons, &c. pour prévenir les
» objeſtions qu'on auroit pu tirer
» de quelque diverſité cachée du
» terrain, & rendre la compa-
» raiſon plus exaſte. Les ſillons
» avoient 13 à 14 pouces de lar-
» geur,& étoient diſtants les uns
» des autres d'environ un pié $\frac{1}{2}$.

» Les quatre parties enſemen-
» cées à la maniere ordinaire ont
» rapporté 2636 onces. Si on
» ſouſtrait la ſemence, la récol-
» te réelle ne ſera que 1790 on-
» ces. Les quatre parties enſe-
» mencées en ſillons ont rappor-

» té 2606 onces, & en retran-
» chant la femence, il refte 2561
» onces, c'eft 771 onces que les
» fillons ont produit de plus que
» les parties femées à l'ordinaire.

» Vous voyez, M. combien
» cette méthode feroit avanta-
» geufe pour les terres légéres,
» où le grain eft rarement affez
» enterré pour être à couvert du
» grand foleil & des fortes ge-
» lées. Un femoir qui, comme
» le votre, diftribueroit le grain
» par traînées, rendroit cette
» pratique fort commode, & on
» pourroit effayer de donner de
» petits labours aux efpaces com-
» pris entre deux fillons. J'ait fait
» fur cela quelques effais ; mais
» il en a réfulté la deftruction de
» beaucoup de piés de blé, &
» cette perte ne m'a pas paru
» fuffifamment compenfée par
» le produit des autres. C'eft ce
» que je me propofe d'examiner

» avec plus de soin.

» J'ai semé cette année plus
» en grand que l'année dernie-
» re , & je me suis servi du se-
» moir de M. de Châteauvieux,
» dont on ne peut assez admi-
» rer la perfection. »

Par la façon de semer que M.
Bonnet a imaginée , on se prive
de l'avantage de récolter du froment toutes les années dans la
même terre ; mais il y a des circonstances où cette pratique
pourroit être avantageuse : & M.
Bonnet ne s'écarte pas beaucoup
de ce que M. Vandusfel a exécu-
té. Les bons observateurs feront
toujours très-bien de varier les
pratiques, & de tenter tous les
moyens qui leur paroîtront propres à perfectionner la culture
des terres ; car nous sommes bien
éloignés de penser qu'on ne puisse rien trouver de mieux que ce
que nous avons proposé.

XII.

Expériences exécutées pendant l'an-née 1752. aux environs de Ge-neve par M. LULLIN DE CHA-TEAUVIEUX, Seigneur, premier Syndic de cette République.

Les grandes affaires dont M. de Châteauvieux a été chargé pendant l'année derniere, n'ont point interrompu les expérien-ces d'agriculture qu'il avoit en-tamées après l'impreſſion du Traité de la culture des terres.

Ceux qui liront le détail des expériences que nous allons rap-porter, y appercevront une ſuite de réflexions, un détail d'opéra-tions & un ton d'exactitude qui tendroient à perſuader que M. de Châteauvieux eſt un homme d'eſprit retiré à la campagne, qui fait ſon unique application de perfectionner la culture des terres.

terres. Cette idée toute naturelle qu'elle soit, seroit bien fausse, puisque pendant l'année 1752 il a été particuliérement chargé des affaires de la République, qui n'ont point souffert de l'attention que M. de Châteauvieux a donnée à l'agriculture. Pour concevoir comment il a pu suffire à des objets si différens, il faut savoir que M. de Châteauvieux possede le grand art de bien employer le tems, & qu'il compte perdus tous les momens qui n'ont pas pour objet le bien public. C'est lui qui va parler.

Je vais, Monsieur, vous rendre compte, de mes expériences de cette année : elles font de trois fortes. La premiere a été faite fur le même terrain, où je fis celle de 1751. La feconde fur des terres qui étoient pour la premiere fois formées en planches ; & la troisieme ſur des terres labourées à plat comme à l'ordinaire, mais ſemées avec le ſemoir, & en plein.

Par rapport à la premiere, il peut ſuffire de vous rappeller, que j'avois en 1751 trois planches ſemées en blé : elles étoient d'environ (*a*) 6 piés 7 pouces de largeur, & de 26 toiſes 4 piés de longueur; que je n'employai pour les ſemer, que 3 onces 15 deniers de blé ; que divers accidens détruiſirent beaucoup des plantes, & qu'enfin j'y recueillis 55 livres de très-beau blé.

PREMIERE EXPÉRIENCE. N°. 1.

Après la moiſſon, je fis labourer avec ma charrue ces trois

(*a*) Je crois que 6 piés & même 5 ſont plus que ſuffiſants. Voy. ci-devant *Tom.*I. Ch. XVI. *pag.* 197. ou Ire. Edition p. 185. Je crois maintenant que 4 piés ſuffiſent, & même $3\frac{1}{2}$ piés ſi on ne ſeme que deux rangées.

planches , en changeant la poſi-
tion des ſillons, qui ſe trouverent placés au milieu des planches de l'année précédente.
La terre avoit tellement profité
des labours de culture , que j'a-
vois fait faire pendant l'Eté , que
je la trouvai trés-diviſée & am-
meublie ; de ſorte qu'après ce
premier labour , je fis ſemer ces
trois planches avec le ſemoir, le
25.Septembre; mais j'augmentai
la quantité de la ſemence , pour
remédier aux accidens que j'a-
vois éprouvé : il y fut ſemé 9
onces 15 deniers. (*b*)

Les ſemences leverent très-
bien , les rangées furent très-
garnies , & les plantes avant
l'hyver , vinrent très-fortes &

(*b*) Je crois qu'il conviendroit de mettre
encore un peu plus de ſemence. J'ai dit Ch.
XVI. p.193. de la Ire. Edition, & 205. de la
IIe. Edition , qu'il y a de l'inconvénient à ſemer trop clair , & qu'on pouvoit compter ſur
1½ boiſſeau par arpent : je crois que c'eſt un
peu trop.

E ij

vigoureuſes. Elles eſſuyerent, comme celles de l'année précédente, le fleau des limaces, qui détruiſirent beaucoup de piés; il me parut néanmoins, que les rangées étoient reſtées ſuffiſamment fournies de plantes, & que cet accident ne préjudicieroit pas à la récolte.

L'hyver fut aſſez favorable aux biés. Dès le printems ils pouſſérent avec la plus grande vigueur; je trouvai néanmoins quelques petits intervalles dans les rangées, qui étoient ſans plantes; ce que je n'avois pas apperçu en Automne. Je l'attribuai en partie aux effets de l'hyver, à la rigueur duquel des plantes ſans doute trop foibles n'avoient pu réſiſter. Ces places deffectueuſes n'étoient pas en grand nombre, & les plus mal-traitées n'avoient qu'environ deux piés à quinze pouces de longueur.

Je fis donner après l'hyver, le premier labour de culture avec la charrue le 9. Mars, & un second le 25. May ; la terre étoit tellement ameublie, que je crus pouvoir me difpenfer d'en donner davantage, voyant d'ailleurs que ces blés profitoient extraordinairement : ils ont été d'un verd très-foncé jufques à la maturité ; les feuilles ont été exceffivement grandes ; les plantes ont tallé en grande abondance, & beaucoup plus que l'année précédente ; il étoit très-commun d'en trouver qui avoient entre 60 & 70 tuyaux, qui font parvenus généralement au-delà de cinq piés & quelques pouces de longueur, & qui étoient chargés des grands épis entierement garnis de grains.

Dès que les fleurs furent paffées, j'eus à les défendre contre l'appetit des oifeaux : grace aux foins qu'on y a apportés, le mal qu'ils y ont fait a été moins grand, que celui de l'année précédente, & je ne le puis pas déterminer avec précifion ; mais il eft certain qu'ils en ont beaucoup mangé.

Ces blés me paroiffant à peu près mûrs, & les voulant tirer du pillage, quoiqu'il eût été mieux de les laiffer, encore 5 ou 6 jours fur pié, je les fis moiffonner le 20 Juillet ; je les laiffai fécher quatre jours fur la terre, & enfin on les battit à la fin du mois d'Août : ils m'ont produit cent quarante deux livres de blé, la livre ayant 18 onces, ou $153\frac{1}{2}$ liv. poids de marc.

Ce blé a été très-beau, très-pur, & les grains beaucoup plus gros, qu'ils ne font ordinairement.

Il a refulté de cette expérience quelques faits dignes de remarque. Premierement, la terre de ces trois planches, ayant été mieux ameublie par les cultures données en 1751, les plantes ont été plus fortes, & ont poussé avec plus de vigueur, que celles de l'année précédente, ce qui a contribué à en augmenter la récolte. (*c*)

Secondement, le produit que j'ai eu, sert à justifier que l'évaluation que j'avois faite, que ce terrain pourroit produire étant cultivé suivant les principes de la nouvelle culture, 210 liv. de blé en une récolte, est assez juste ; puisque si on ajoute aux 142 livres recueilles cette année, le dommage qui a été causé par

(*c*) Il est dit, Ch. XVI. *pag.* 209. Ire. édition ou *pag.* 218. de la IIe. édition, que la bonne culture qu'on donne aux plate-bandes rend les récoltes des premiere, seconde, troisieme, &c. années meilleures que celles de la premiere : ceci est justifié par l'expérience de M. de Châteauvieux.

les oiseaux, & celui qui l'a été par les limaces, il est assez sensible que le produit entier auroit été fort approchant de 210 liv.

Heureusement, pour avoir encore quelque connoissance plus précise, lorsque je vis que les oiseaux m'enlevoient beaucoup de grains, je m'étois ménagé avant la moisson, une autre preuve, pour savoir quel auroit pu être le produit entier. Je comptai en deux différentes places combien les plantes avoient produit de tuyaux dans les trois rangées : sur dix piés de longueur, j'en trouvai 1600 en une place, & dans l'autre 2030. Comme j'ai préferé dans tous mes calculs, de ne pas caver au plus fort, j'ai supputé seulement la production de chaque dix piés de longueur, à 1600 tuyaux; suivant cela la planche qui a 160 piés de longueur, a dû au moins

moins contenir 25600 tuyaux, & les trois planches enfemble 76800 tuyaux, ou épis.

Pour favoir enfuite quelle quantité de livres de blé pouvoit être renfermée dans ce nombre d'épis, je fis battre, un mois après la moiffon, celle qui fut néceffaire, pour avoir une livre de blé (ou 18 onces :) je choifis en une gerbe pour les prendre, la place où il paroiffoit que les oifeaux avoient fait peu de mal, mais ces épis furent pris à poignées indiftinctement & fans choix.

Trois cents foixante épis rendirent 18 onces de blé, de forte que divifant 76800 nombre total des épis, par 360 nombre qui a produit 18 onces de blé, la récolte entiere que la terre à fournie, a dû être de 213 liv. 6 onces, de 18 onces à la livre, ou 240 de 16 onces à la livre; d'où il réfulte

F

que l'ayant évaluée à 210 l. cette évaluation peut être réputée af-fez jufte, & l'on peut en con-clure que vrai-femblablement la production pourra être même plus confidérable dans la fuite.

En troifiéme lieu, ce terrain n'a prefque produit aucunes mauvaifes herbes, (il étoit fujet à en être couvert.) Il paroît donc que la nouvelle culture eft très-propre à les détruire : cet avan-tage fera moins fenfible dès la premiere année qu'on pratiquera cette culture, que dans les an-nées fuivantes.

De l'obfervation que j'ai faite, que les plantes avoient été plus vigoureufes cette année, qu'en 1751, il en fuit une autre, qui eft que la terre, bien loin d'a-voir été épuifée, par la nourri-ture qu'elle a fournie dans cette année, eft devenue plus fertile pour celle-ci : la caufe n'en peut-

être attribuée qu'à la culture ;
puifque cette terre n'a reçu aucun autre bénéfice , n'y ayant
mis aucun fumier ni engrais. (*a*)

Ces blés ont été cette année
exempts du noir & du charbon,
je n'ai trouvé qu'une feule plante charbonnée , après une re-
cherche très-exacte , tandis qu'il
y en a eu beaucoup dans des
champs peu éloignés des miens :
je n'oferois néanmoins attribuer
cette circonftance favorable uniquement à la nouvelle culture :
elle peut y avoir contribué , elle
en peut diminuer la quantité ,
mais pour en favoir davantage , il
faut quelques années de fuccès
femblables. (*b*)

(*a*) Tout ceci prouve ce qui a été dit dans
les Chap. V. & VI. du *Tome I.*

(*b*) Ceci s'accorde avec ce qui eft dit dans
le Journal de 1751.

F ij

Autre Expérience. N°. 2.

Voici le détail d'une autre expérience faite fur un terrain de plus grande étendue, où fur chaque planche de fix piés de largeur, (*c*) il fut femé trois rangées de blé : la furface entiere contient environ 1650 toifes quarrées, la toife étant de 36 piés-de-Roi.

La petite quantité de femences que j'employai pour le femer, exigeoit affurément que tous les grains de blé puffent former leur plante, mais elles ont été beaucoup diminuées par les grains qui n'ont pas levé, & par les grains & les plantes qui ont été détruites par les infectes : le plus grand dommage a été caufé par les limaces. Il y a

(*c*) Je crois qu'au moyen de la nouvelle charrue on pourra faire les plate-bandes un peu plus étroites.

eu dans la longueur des rangées, de grands intervalles fans aucunes plantes (*d*); il m'a été difficile de pouvoir déterminer quelle en étoit l'étendue, mais j'ai eftimé qu'il y a eu entre le tiers & le quart du terrein dans la longueur des rangées, qui n'a rien produit; & néanmoins la récolte a été très - fatisfaifante, comme on va le voir.

J'ai fait faire tous les labours de culture par des tems convenables, & je les ai faits en plus grand nombre, pour réparer le défaut des labours faits avant les femences; car ils n'avoient pas fuffifamment ammeubli la terre.

Les 14 & 15 Octobre 1751, on donna le premier labour avant l'hyver, avec la charrue.

Les 9 & 10 Mars 1752, on don-

(*d*) C'eft pour cette raifon que je penfe que le femoir dont il eft parlé dans le Journal de 1751, ne répand pas trop de femence.

na le premier labour après l'hyver, avec la charrue.

Du 18 au 24 Avril, on arracha les mauvaises herbes.

Le 29 Avril, on donna le second labour, avec le cultivateur.

Le 25 Mai, on donna le troisieme labour, avec le cultivateur.

Le 7 Juin, on donna le quatrieme labour, avec la charrue.

Les plantes de ce blé sont venues d'une grande beauté : la
longueur des tuyaux, & la grandeur des épis entierement remplis de grains, démontrent évi-
demment que la nouvelle culture est propre à favoriser l'accroissement des plantes, qui ont
tallé avec une grande abondance, à peu de chose près, semblables à celles du N°. 1. Ce
champ fut moissonné le 25. Juillet.

Je joins au compte du blé
qu'il a produit, celui qu'on en

pouvoit attendre, s'il avoit été cultivé felon la méthode ordinaire.

COMPTE du produit du même champ, fuivant l'ancienne culture, & fuivant la nouvelle méthode qui cónfifte à femer en planches, &c.

La terre de ce champ qui eft très-bonnè, & extrêmement forte, avoit été très-mal labourée l'année derniere, à caufe des grandes & fréquentes pluies, & on n'y avoit pas mis de fumier depuis bien des années : on y feme fuivant l'ufage ordinaire, trois mefures qui contiennent chacune environ 106 liv. de blé, la livre étant de 18 onces; il fut établi en planches de fix piés-de-Roi de largeur, & femé le 25 Septembre 1751, avec 10 liv. de blé.

Récolte de la nouvelle culture faite en 1752.

Le champ qui avoit été établi en planches, a donné de beau blé dont les grains font très-gros. *Produit,* . l. 926

A diftraire.

Ces blés n'ont pas be-foin d'être criblés, étant très-purs, néanmoins on en a tiré par le criblage quatre pour cent, obfervant que ces criblures étoint du blé pur, dont les grains font plus petits. . . . l. 37 ⎱
pour les femences. . 10 ⎰ 47
On n'a pas tenu comp-te de fractions. . .

Produit net, l. 879

Par cette méthode on feme le même champ tou-tes les années, de forte qu'en fuppofant feulement en 1753 fa récolte égale à celle de 1752. (il n'eft pas douteux qu'elle fera plus abondante ;) on récoltera encore. 879

Produit des deux récoltes , l. 1758

Récolte de l'ancienne culture.

On l'établit par celles des années précédentes, & fur le pié des meilleures récoltes : il a rapporté trois fois la femence. *Partant,* . l. 954

A diftraire.

Dechet au criblage 15 pour cent. Il a fouvent été de 25 & 30 pour cent , même plus confidérable. Toutes les fois qu'on femoit ce champ , les blés étoient verfés ; ce qui étoit caufe qu'il grainoit peu, & que les grains étoient pe-

tits, ridés & retraits. l. 143 ⎫
pour les femences.   318 ⎬ 461
On n'a pas tenu com- ⎪
pte des fractions.   ⎭

Produit net. 493

Partant la récolte du mê-
me champ, femé en plan-
ches avec le femoir, a produit de plus qu'il n'auroit
fait fuivant l'anc. méth.. . . 386

Et le produit auroit été
comme le donne l'exp. de.. l. 879

Par l'ancienne méthode
on ne fait qu'une récolte
en deux années; de forte
qu'en 1753, ce champ fe-
roit labouré, pour être femé en Septembre 1753,
& ainfi on n'y feroit point
de récolte : on n'en retirera
donc en deux années, que
le produit net cy - deffus
qui eft en blé. .. . . . . l. 493

Delà il réfulte, que l'a-
vantage de la nouvelle cul-

ture, est de produire dans le même espace de tems au maître du champ, de plus que l'ancienne culture.   1265

Et dans les deux années 1. 1758

Quand on supposeroit que ce champ ne donneroit jamais de plus abondante récolte que celle de cette année, il est évident qu'il est préférable de le cultiver suivant la nouvelle culture. Mais celles qui suivront, seront plus abondantes ; cela est démontré dès à présent : ce champ est actuellement semé de la même maniere ; il n'a reçû aucun dommage des insectes ; les rangées sont entierement garnies de plantes, dont la vigueur bien supérieure à celle des plantes de l'année derniere au même tems, annonce une récolte beàucoup plus considérable pour l'année prochaine.

On fera peut-être furpris que je borne le produit du champ fe-mé fuivant l'ufage ordinaire, à trois fois la femence : je fais qu'il y en a dans ce pays qui rendent d'avantage, comme quatre & cinq fois la femence, & même plus ; mais on conviendra avec moi que le nombre de ces bonnes terres eft petit ; que ce font des champs ordinairement très-bonifiés, & cultivés avec plus de foin ; mais je parle de toutes les terres en général confondant les bons terreins, les mé-diocres & les plus mauvais ; je dis alors que l'un dans l'autre, le rapport moyen n'eft que de trois fois la femence.

Mes champs ont toûjours été auffi-bien cultivés qu'aucuns du pays. J'ai dépouillé le compte des récoltes pendant feize an-nées confécutives, depuis 1730 à 1745 inclufivement : ces comptes ont été tenus exactement par un homme d'affaires, mort il y a quelques années ; & par le résultat desdites seize années, je n'ai pas trouvé qu'une année dans l'autre, le produit des terres ait été plus considérable.

Autre Expérience. N°. 3.

Je fis établir dans une autre champ, en planches semblables aux précédentes, l'étendue d'environ 1344 toises quarrées de 36 piés : cette terre qui est très-forte, fut assez mal labouré malgré les soins que je prenois pour bien diviser la terre & la reduire en petites molécules ; les pluies fréquentes en furent la cause : il fut semé avec le semoir le 24 Septembre ; on n'employa que sept livres de blé, qui leva assez bien ; mais à la fin de l'automne, le nombre des plantes diminuoit tous les jours par les infectes qui les reduifirent à une très-petite quantité, ce qui en a beaucoup diminué la récolte.

Le 16 Octobre 1751, on donna le premier labour avant l'hyver, avec la charrue.

Les 10 & 11 Mars 1752, on donna le premier labour après l'hyver, avec la charrue.

Le 1 Mai, on arracha les mauvaifes herbes.

Le 23 Mai, on donna le fecond, labour avec le cultivateur.

Le 12 Juin, on donna le troifieme labour, avec la charrue. (*e*)

Les plantes qui ont levé ont été très-belles, & ont tallé abondamment ; les épis ont été femblables à ceux des expériences dont j'ai parlé, & les grains également gros : le produit a été feulement de 392 liv. ce qui fait

______

(*e*) Ces labours ont été faits à propos. Voyez Chap. XVI. premiere & deuxieme Ed.

une belle récolte, pour le peu de plantes qui ont échappé aux accidens.

Les caufes de ce petit produit me font connues ; & je ne fuis point en doute qu'il n'égale l'année prochaine l'abondance des autres champs : il eft préfentement femé pour la feconde fois fuivant la nouvelle méthode; les femailles en font parfaites, les rangées bien garnies, & je ne puis pas les fouhaiter plus belles, ni mieux conditionnées.

Autre Expérience. N°. 4.

Celle - ci a été faite à deux lieues de chez moi, fur une terre qui n'eft pas des plus fortes : elle eft maigre, ce qui m'a engagé à y mettre du fumier, (*f*) .

____

(*f*) Quoiqu'on puiffe, par la nouvelle culture , épargner le fumier, il eft certain qu'il eft avantageux; furtout quand les terres font maigres.

les planches furent établies d'environ six piés de largeur : je les
femai le 21 Septembre avec une
même quantité de femences que
celle du Nº. 2. Ce terrain fut femé avec trois livres trois quarts
de blé, dont il eft venu de très-
belles plantes & de beaux épis ,
qui ont produit 196 livres de blé.
Les cultures n'ont pas été bien
faites, ni dans les tems néceffai-
res ; cependant le grain femé a
beaucoup produit : le fumier aura contribué à réparer le défaut
des cultures.

Autres Expériences de champs femés en plein avec le femoir.
Nº. 5.

J'ai fait l'expérience, de femer
des champs qui ont été à tous
égards cultivés fuivant la méthode ordinaire, excepté la maniere d'y répandre les femences ,
que j'ai fait diftribuer par mon
femoir :

semoir : j'appelle ceux-ci *champs semés en plein*, n'y ayant aucunes plate - bandes ; de sorte que tout le terrain a été couvert de rangées de blé, distantes l'une de l'autre de sept pouces & demi.

· L'avantage que je me promettois de cette maniere de semer, étoit uniquement reduit, premiérement à l'œconomie des semences, afin de ne pas surcharger la terre de plantes ; secondement à les mettre en terre à une profondeur convenable; troisiémement à égaler la distance entre les plantes ; & enfin à une petite culture & une division des molécules, que le semoir opere en semant ; toutes choses qui me parurent devoir être utiles, pour faire de plus belles productions, qu'en suivant ce qui se pratique ordinairement pour ensemencer les terres.

Les plantes de ces blés ont été fort belles;elles annonçoient

G

leur vigueur par leur couleur ; qui étoit d'un verd très-foncé : la grandeur des feuilles, & l'abondance des tuyaux démontroient qu'elles trouvoient une nourriture plus abondante que les blés ordinaires ; elles ont tallé & produit communément 4, 6, 8, 10 tuyaux & plus ; en sorte que ces champs, qui jusqu'au mois d'Avril, paroissoient à peine être semés, changerent alors à ne les plus reconnoître, par les tuyaux qui se développerent ; ils sont devenus beaucoup plus longs que ceux des champs semés à l'ancienne façon ; les épis ont été plus gros, & bien mieux remplis de grains.

On jugera de ce qu'on pourroit espérer de cette maniere de traiter les terres, par le compte des produits.

COMPTE du produit d'un même champ semé suivant l'ancienne cul-

ture, & ſuivant notre nouvelle cul-ture : la plus grande partie de ce champ a été ſemé en plein avec le ſemoir, & le reſte ſelon l'ancien uſa-ge, les 14, 15, & 16 Septembre 1751.

On ſeme ordinairement dans le total de ce champ vingt me-ſures, qui contiennent chacune environ 106 liv. de blé, la livre étant de 18 onces. L'eſpace de trois meſures fut ſemé à l'ordinai-re; on y employa 318 liv. de blé, qui fut ſemé dans la meilleure terre du champ; l'étendue des 17 meſures reſtantes furent ſe-mées en plein avec le ſemoir; il y fut ſeulement employé 265 liv. de blé : ſi cette portion avoit été ſemée à l'ordinaire, on au-roit employé pour la ſemer 1802 liv. de blé.

La terre de ce champ eſt mai-gre; on y trouve quantité de pier-res de médiocre groſſeur; la terre n'en eſt ni légere , ni forte, mais moyenne , entre ces deux qualités ; on n'y avoit point répandu de fumier ; & il eſt très-rare qu'on y en mette , parce qu'il n'y en a dans ce Domaine , que ce qui eſt néceſſaire aux vignes.

Récolte de la nouvelle culture.

Les 265 liv. de blé ont produit. . . . . L. 5450

A diſtraire.

Dechet au criblage quatre pour cent. Les criblures n'ont été preſque que du blé, dont les grains plus petits , ſont ſortis avec quelques mauvaiſes graines. . . . liv. 218 ⎫
pour les ſemences. 265 ⎭ 483

____

Produit net, l. 4967

Si les 3 autres meſures ſemées à l'ordinaire avoient été ſemées avec le ſemoir, elles auroient produit. l. 960

Suite du compte ci-devant, 4967

A diſtraire.

Dechet au criblage quatre pour cent. 1.38
Pour les ſemences. 46
} 84
On n'a pas tenu compte des fractions. .

____

Produit net à ajouter au ci-deſſus. 1.876

Produit total net , 1.5843

Récolte de l'ancienne culture.

Les trois meſures ont rendu trois fois la ſemence, qui étoit mêlée de mauvaiſes graines : la meſure de ce blé n'a peſé que liv. 103. Dans les meilleures années ce champ ne rapporte pas davantage. S'il avoit été ſemé en entier ſuivant l'ancienne culture, le produit total auroit été de. . . l. 6180

A diftraire.

Déchet au cri-
blage 15 pour
cent; il a fou-
vent été de 25
& 30 pour cent. l. 927   } 3047
Pour les femen-
ces.   2120

Produit net , l. 3133
Partant la récolte du même champ femé en plein avec le femoir, pro-duit de plus que n'auroit fait l'ancienne culture. . . 2710

Autre Expérience. N°. 6.

Je fis femer de la même ma-niere dans une aûtre champ, l'étendue d'environ 1020 toifes de trente-fix piés quarrés. Cette surface fut femée avec trente livres de blé, de dix-huit onces à la livre : la terre du champ eft très-forte, & fut très-bien labourée ; on le fema le 24 Septembre ; l'accroiſement de ces blés a été tout-à-fait ſemblable à ceux de l'article précédent. La ſeule différence un peu ſenſible a été que les tuyaux m'ont paru être venus un peu plus longs, & les épis un peu plus gros : ils n'ont été battus qu'au commencement de Décembre, & ils ont produit 809 livres de très-beau blé, (18 onces à la livre.) Ce champ a rendu plus de blé que le précédent, relativement à la quantité des ſemences employée en tous les deux ; mais la terre de celui-ci eſt meilleure, & avoit été mieux labourée.

Autre Expérience. N°. 7.

Elle a été faite chez une personne , dont la terre est à une lieue de chez moi. Cette personne s'intéresse fort au progrès de l'agriculture, & voulant faire un essai & semer une piece de terre en plein avec le semoir, on destina pour cela environ l'étendue de 880 toises de 36 piés quarrés. Cette terre n'est ni trop forte, ni trop légére ; elle peut passer pour être assez fertile. Elle fut donc labourée trois fois, comme les autres terres, avec la charrue ordinaire : il y a plusieurs années qu'on n'y avoit point mis de fumier. On seme ordinairement dans cette terre 165 à 170 livres de blé ; on fit semer ce champ le 5 Octobre seulement avec 24 liv. Quoique la saison fût déja avancée ; ces semences levérent assez bien avant l'hyver. Dès le printems ces plantes prospérerent beaucoup ; ce champ s'enrichit de

grands

grands tuyaux, & de fort gros épis, chargés de grains de blé bien nourris.

La récolte a été de 800 liv. en blé pur, sans mélange d'aucunes autres graines ; dont distraction faite de 24 liv. pour les semences, le produit net, est de 776 liv. Ce champ semé suivant la pratique ordinaire, rapporte dans les années les plus favorables, environ 875 liv. d'où distraction faite de 165 liv. pour les semences, le produit net reste de 710 liv. Par cet état, on voit que le même terrein semé avec le semoir, a rendu 66 livres de plus : mais comme les blés ordinaires sont toujours mélangés de plusieurs mauvaises graines, qu'il faut séparer avec des cribles, il convient encore d'en faire la distraction : cette indication suffit, pour être persuadé que l'avantage qu'on se procure par la pratique que nous avons fui-vie, n'eſt pas borné aux ſeules 66 liv. que le maître du champ a de plus en ſon grenier.

Je ſupprime pluſieurs expériences faites en planches, & en champs ſemés en plein , dont les rapports ſont à peu près ſemblables à ceux des expériences que j'ai détaillées ; je me borne à ne plus faire mention que d'une ſeule , à cauſe d'une circonſtance qui mérite d'être connue. Je l'ai faite ſur une terre légére , la plus mauvaiſe que je connoiſſe , où il y a beaucoup de pierres de médiocre groſſeur , & où depuis un tems infini on n'a pas mis de fumier : les pierres n'empêche-rent point que le ſemoir ne ré-pandît très - bien la ſemence ; je choiſis à deſſein ce mauvais ter-rain , pour connoître de quelle force ſeroient les épis & les plan-tes qu'on y auroit ſemées ; j'y mis trop peu de femences, vû la mauvaife qualité de cette terre; les pierres empêcherent beaucoup de grains de lever, & bien des piés furent mangés par les infectes, de forte que les plantes ont été très-rares, & la récolte petite: j'en ai cependant été fatisfait, parce que j'y ai vu les plantes parvenir prefque à la même grandeur que dans les bonnes terres, les épis tout auffi gros, & remplis de grains; c'eft où fe bornoit ce que j'attendois de cette épreuve.

Tous ces blés peu de tems avant les moiffons, ont effuyé plufieurs fortes pluies, accompagnées de vents très-violens; & quoique les pailles fuffent beaucoup plus longues que celles des blés ordinaires, ils fe font néanmoins foutenus, & n'ont point verfé; tandis qu'en divers autres champs une bonne partie l'ont été. Quelques-uns à la vérité se font penchés, ce qu'il faut diftinguer *du verfé*: celui-ci eft trés-préjudiciable à l'accroiffement du grain, mais *le penché* ne lui caufe aucun dommage (*a*). J'entrevois même qu'il peut être utile que les blés ne reftent pas bien perpendiculaires : je me propofe l'année prochaine de faire beaucoup d'attention aux effets de leur fituation.

Je n'ai point été furpris d'avoir vû les plantes des champs femés en plein, moins belles, que celles des champs établis en planches. Les premieres n'ayant pas été fecourues par les cultures, n'ont pu tirer de la terre une auffi abondante nourriture, que celles des planches ; & la

______

(*a*) Nous avons donc eu raifon d'affurer que les grains feroient moins fujets à verfer en fuivant notre méthode qu'en s'abandonnant à la culture ordinaire.

groſſeur à laquelle elles ſont parvenues, a ſurpaſſé mon attente :
il y auroit lieu d'être content
de cette maniére de ſemer, qui
n'apporte aucun autre changement à l'ancienne méthode ,
quand même le produit ne pourroit pas devenir plus conſidérable que celui de cette année.

Mais en rectifiant cette pratique, & en augmentant convenablement la quantité de la
ſemence , les champs feront
alors pourvus d'autant de plantes , qu'ils en pourront nourrir;
& le profit en fera beaucoup plus
conſidérable.

Il eſt tems de revenir aux expériences des champs établis
en planches , qui ſont eſſentiel-
lement l'objet de la nouvelle culture.

Par celles que j'ai faites cette
année, je n'ai pas amené le pro-

duit de cette culture, à beaucoup près, à la somme qu'il sera
dans la suite ; c'est ce qui résulte
de ce que je vais faire observer.

Réflexions de M. de CHATEAU-
VIEUX, *qui prouvent la vérité
des principes qui font établis dans
notre Traité.*

Nous voyons par l'expérience. N°. 1. que la feconde année
la terre étant mieux divifée , eft
devenue plus propre à fournir
une abondante nourriture aux
plantes , dont les productions
feront toûjours proportionnelles
à la facilité qu'elles auront de la
puifer.

J'efpérois que les expériences
de cette année me mettroient en
état de pouvoir déterminer quelle eft la quantité de femences
qu'il faut femer , pour avoir la
plus abondante récolte. Il n'eft
pas douteux que les terres, où

j'avois mis le plus de femences l'année derniére, ne m'ayent démontré, que j'en devois augmenter la quantité , afin de pourvoir aux accidens qui avoient rendu les plantes trop rares : cette obfervation effentielle dont j'ai profité, conduira néceffairement à obtenir de la même furface une récolte plus abondante.

Mais cette augmentation doit fe faire avec beaucoup de difcrétion , & eu égard aux circonftances de la faifon en laquelle on femera, comme encore à l'état des terres qu'on veut femer. Si elles font bien préparées, il faut moins de femences : je penfe donc qu'il faut les difpenfer avec ménagement & avec prudence ; car on n'augmentera pas la récolte en répandant les femences avec prodigalité. (*b*)

____

(*b*) Je penfe néanmoins qu'il vaut mieux

Les expériences de cette an-née prouvent qu'il n'y a que trois moyens principaux qui puiſſent opérer la plus abondante produ-ction des plantes, & nous faire jouir des plus riches récoltes. *Ces moyens ne ſont praticables que par la nouvelle culture; & voici comme on en peut profiter : lorſque chaque planche aura la quantité de plantes, auxquelles ſon étendue pourra fournir une nourriture très-copieuſe; car c'eſt là le fondement de l'abondance :*

Le premier moyen eſt de faire produire aux plantes beaucoup de tuyaux.

Le ſecond eſt de faire porter à chaque tuyau ſon épi, & qu'il ſoit grand.

Enfin le troiſieme moyen eſt que chaque épi ſoit entiérement rempli de grains bien nourris.

mettre un peu trop de ſemence dans les rangées, que d'en mettre trop peu.

Ce sont-là des effets qu'on ne peut obtenir par l'ancienne culture, puisqu'on ne peut les procurer que par des cultures réitérées.

Toutes mes expériences de cette année démontrent cette vérité, quoiqu'elle le soit plus sensiblement par les expériences des N°. 1. & 2.

C'est donc par les labours qu'on donnera aux plantes, (lorsqu'elles végetent , & qu'elles prennent leur accroissement ,) qu'on parviendra *à faire sortir beaucoup de tuyaux , à faire que chaque tuyau ait un grand épi, & enfin que chaque épi soit entiérement rempli de gros grains.*

Mais pour se procurer de tels avantages, il me paroît très-essentiel que ces cultures soient faites en tems convenables, chacune ayant son effet qui lui est propre & particulier.

Le labour à faire avant l'hy-
ver, *a pour objet d'écouler les eaux,*
qui par un trop long féjour auprès des plantes, leur font très-
pernicieufes, *& de préparer les*
terres à être très - ameublies par les
gelées de l'hyver : on les difpofe
ainfi à donner dès le printems,
la nourriture abondante dont
les plantes ont alors befoin. On
a pour faire ce labour, tout le
tems qui s'écoulera, depuis que
les blés auront trois ou quatre
feuilles, jufqu'à ce qu'il commence de geler : pourvû qu'il foit
fait dans cet intervalle, & même
dans l'hyver, lorfqu'il ne gelera
pas, il fera toujours bon. (*c*)

Le premier labour après l'hyver, eft très-important, *c'eft ce-*
lui auquel nous ferons redevables de
la quantité des tuyaux que produi-

(*c*) On peut, pour égoûter les eaux, faire
deux petits fillons qui bordent les planches,
ou un grand & profond fillon au milieu des
plate-bandes.

ront les plantes. Pour qu'il fasse cet effet, il faut le faire aussi-tôt que les grands froids sont passés, & pour le plus tard au tems que les plantes commenceront à pousser. Si on attend davantage, il contribuera très-peu à les faire taller, il servira seulement à faire allonger les tuyaux ; s'il en sort quelques-uns, ils ne profiteront pas autant que les premiers ; néanmoins il importe beaucoup qu'ils paroissent à peu près tous ensemble.

Les labours qu'on donne ensuite, jusqu'à ce que les blés soient défleuris, *font fortifier les plantes, allongent les tuyaux, & donnent la grosseur aux épis.* Le tems de les faire, ne me paroît pas aussi précisément déterminé que pour le premier labour ; leur nombre même ne peut pas se déterminer, parce qu'il dépend beaucoup de l'état des terres, qu'il ne faut pas labourer en cette saifon, dès qu'elles feront trop humides : on fera donc un fecond, un troifieme, un quatrieme labour, fi la faifon le permet ; mais je juge très-utile qu'on en faffe un immédiatement avant que les épis fortent des tuyaux ; ils augmentent certainement alors leur longueur & leur groffeur.

Enfin le dernier labour, eft le plus important. C'eft celui dont on doit le moins fe difpenfer. Il faut le faire dès que les fleurs font paffées. Ce labour opere que les grains fe forment jufqu'à la pointe de l'épi, & qu'ils groffiffent. Quand on fera bien perfuadé des bons effets des labours, on ne négligera pas de les multiplier dans les tems que je viens d'indiquer.

C'eft par la fucceffion de ces labours, qu'il me paroît qu'on portera la récolte à son plus haut période, & si le dérangement des saisons empêche de les faire dans les tems convenables, il s'ensuivra immanquablement une diminution sur la récolte, diminution qu'on préviendra toujours dans les années favorables, par les attentions dont je viens de parler.

On ne doutera pas, je pense, de la supériorité qu'a la nouvelle culture sur l'ancienne, quand on calculera le produit des épis dans les terres cultivées suivant les deux méthodes : je m'arrêterai quelques momens pour faire appercevoir la différence que j'ai trouvée entre les uns & les autres.

J'ai rapportai que j'avois retiré de 360 épis, 18 onces de blé : voilà un fait précis, & en le fixant à ce terme, je suis assuré que je ne le porte pas au plus favorable, parce que les oiseaux en avoient mangé quelques grains ; fans cela il auroit fallu quelques épis de moins, pour rendre ces 18 onces de blé.

Lorfque je fis en 1750, l'examen des principes de la nouvelle culture, je ne crus pas indifférent de parvenir à connoître le produit des plantes de blé cultivées à l'ordinaire. Cette année - là a été reputée une des meilleures ; les blés fur pié paroiffoient nets & purs : voici comme je parvins à acquerir les connoiffances que je défirois.

Je pris une partie de gerbe qui paroiffoit belle & provenue d'un très-bon champ ; je fis trois lots de ce qu'elle contenoit : au premier lot je rangeai les plus beaux épis ; les-médiocres & les plus petits furent le partage du fecond, & j'abandonnai au troifieme les épis qui ne conte-

noient aucun grain, & les mauvaifes graines.

Cette féparation étant faite, je comptai les épis : je n'en trou-vai que 400 au premier lot ; c'é-toient les beaux épis.

1600 au fecond ; c'étoient les médiocres & les plus petits.

Enfin le troifieme eut plus de 750 épis, ou plantes de mau-vaifes graines ; & je ne paffai pas en compte une multitude de brins qui n'avoient pas 6 pouces de longueur.

Les champs ne préfentoient pas aux yeux autant de miſére, que cette féparation des épis en faifoit appercevoir : cette pre-miere opération étoit donc né-ceffaire, pour connoître le vrai.

Enfuite je fis battre ces épis, dont le lot des 400 ne donna que 5 onces & $\frac{1}{2}$ de blé.

Celui des 1600 en donna 7 onces.

Je ne portai pas ma curiosité à savoir ce qu'il y avoit dans le lot des mauvaises graines ; parce qu'il ne contenoit aucun grain de blé.

Enfin par une suite de l'examen que je faisois, je trouvai que les 400 épis n'avoient eu chacun, l'un dans l'autre, que *onze grains de blé,* & que les 1600 n'avoient eu aussi l'un dans l'autre, que *trois grains & demi* : il falloit 800 grains de ce blé pour faire une once.

Si nous réunissons ces résultats, nous trouverons que 2000 épis n'ont donné que 12 onces & $\frac{1}{2}$ de blé; & qu'en épis de même valeur, pour recueillir 18 onc. il faut rassembler 2890 épis.

J'avoue que ce résultat m'étonna : je n'aurois osé, avant les calculs, le présumer tel ; mais combien n'a-t-il pas été puissant, pour augmenter mes espérances

...ances sur les avantages de la
nouvelle culture !

J'ai formé cette année de
nouvelles planches, sur une
plus grande étendue de champs.
Les pluies trop fréquentes ne
m'ont permis de pouvoir établir selon la nouvelle méthode,
qu'environ 25 arpents; mais j'ai
fait semer tout le surplus de mes
terres avec le semoir ; j'ai augmenté la quantité des semences,
ayant eu égard à toutes les circonstances nécessaires ; de sorte
qu'en quelques champs j'ai mis
le double des semences que j'a-
vois employées en 1751 ; en
d'autres un peu davantage, &
en d'autres un peu moins.

Toutes mes semailles sont extrêmement belles , & très-supé-
rieures à celles de l'année derniére : tout est garni d'un nombre suffisant de plantes extrêmement fortes, d'un verd très-

I

foncé ; les feuilles font longues & larges, & couvrent mieux le terrein que les blés ordinaires.

Jufqu'à préfent ces plantes n'ont éprouvés aucun accident, excepté en une place d'environ un demi-arpent, où les infectes avoient coupé entre deux terres prefque toutes les plantes. J'ai auffi-tôt fait refemer, & ce défordre eft totalement réparé ; les infectes n'ont plus reparu.

Je regarde comme le plus heureux fuccès de mes expériences, le défir qu'elles ont fait naître ici à plufieurs perfonnes, de commencer à pratiquer la nouvelle culture par des expériences très-confidérables. Une feule perfonne, adoptant par principe la nouvelle culture, a femé en planches au moins vingt-trois arpents ; une autre a femé en plein, environ cent vingt cinq arpents. La quantité totale eft d'environ cinquante arpents, qui ont été semés en planches, & d'environ deux cents arpents qui l'ont été en plein. Je puis dire que toutes les personnes qui ont vu ces semailles, même les laboureurs, conviennent qu'elles sont très-belles, & qu'on n'a jamais vu dans le pays rien de comparable en force & en vigueur, aux blés qui ont été les premiers semés.

On a été extrêmement content du service qu'ont fait mes semoirs, dont les fonctions ont été partout fort régulieres, & avec lesquels chacun a semé la quantité de grains qu'il a désiré.

Les dispositions où l'on est dès à présent, m'annonce déja que l'usage du semoir sera fort augmenté l'année prochaine : on s'empresse d'en ordonner aux ouvriers, qui y travaillent sans relâche, & qui auront peine d'en

fournir pour l'Automne prochaine, autant qu'on leur en deman-
de ; il y en a actuellement vingt-
quatre qui leur font commandés.

Quoiqu'on foit preffé par les
principes fur lefquels eft fon-
dée la nouvelle culture, d'en reconnoître le mérite & la grande
utilité, j'ai vu que l'amour qu'on
a pour la pratique qu'on a fui-
vie jufqu'à nos jours, eft difficile à détruire, & qu'on ne veut
fe rendre, qu'après avoir vu le
fuccès des expériences. Je n'ai
garde de condamner la fufpen-
fion où l'on peut être de fe dé-
cider, jufqu'à ce qu'on ait vu,
la pratique correfpondre avec la
théorie de notre nouvel art.

J'ai effayé fi par d'autres expériences qui m'ont paru plus
capables encore, que celles fur
les blés, de faire impreffion fur
les laboureurs, on ne pourroit
pas parvenir en moins de tems

à leur faire connoître les avantages de la nouvelle culture.

Expériences de M. de CHATEAU-
VIEUX, fur la nouvelle culture
qu'il a étendue aux légumes.

Je penfai que fi les légumes
que nous cultivons dans les jar-
dins potagers, qui font établis à
grands frais dans la meilleure
terre qu'on cultive toute l'année avec beaucoup de foins &
de dépenfe, où l'on met du fumier continuellement, où l'on
farcle & arrofe les plantes ; fi,
dis-je, en cultivant ces légumes
fuivant la nouvelle méthode,
comme on fait les blés, ils par-
venoient à être auffi beaux que
dans les potagers, on ne pourroit pas fe refufer de conclure,
qu'à plus forte raifon cette même culture devoit être d'un
grand profit aux blés que nous
ne cultivons pas avec la même
attention.

Voici le détail de mes expériences que j'ai fuivies avec beaucoup de foin.

Je commençai par retrancher
le fumier ; & quoique depuis
plufieurs années on n'en eût
point mis dans ce terrein, je def-
tinai pour ma premiere expérience, une planche à côté de celles qui étoient en blé. N°. 1. Je
pris pour la former, la moitié
d'une planche qui avoit rapporté de l'orge, & la moitié d'une
autre qui avoit rapporté de l'a-
voine ; ainfi la partie la plus éle-
vée fe trouva à la place où étoit
auparavant le fillon.

Je fis labourer cette planche
avec ma charrue, le 25. Septembre 1751, de la même maniére
que celles deftinées pour y femer du blé. N'y ayant fait que ce
labour, je plantai une feule rangée de choux blancs fur cette
planche qui avoit 6 piés 7 pou-

ces de largeur, & 160 piés de longueur : on les arrosa pour en assurer la reprise.

Afin de pouvoir comparer les choux du champ, avec ceux du potager ; le même jour j'en fis planter un grand quarré qui avoit été très-bien labouré par le jardinier, & où on avoit mis beaucoup de fumier : il les a cultivés avec soin pendant l'été ; ils ont été sarclés & arrosés au tems nécessaire.

Au printems la plus grande partie de ces choux monterent au lieu de pommer : j'en fis replanter d'autres en leur place.

J'ai continué de donner à la rangée de choux, les mêmes soins que je donnois aux blés.

Le 9. Mars, on leur donna le premier labour de culture avec la charrue.

Le 25 Avr. on leur donna le second labour avec le cultivateur.

Le 3. Juin, on leur donna le troisieme labour avec la charrue.

Enfin le quatrieme, le 20. Juillet, que je fis faire par le Jardinier avec un foſſoir (eſpece de houe,) dans la crainte qu'avec la charrue, on ne caſſât beaucoup des tuyaux du blé qui étoit à côté, dont le ſillon deſéparation étoit couvert par les tuyaux qui étoient penchés, mais non verſés.

Ces choux n'ont été arroſés qu'une ſeule fois, lorſqu'on les a plantés, & néanmoins ils ont toujours conſervé beaucoup de fraîcheur dans les jours les plus chauds. Par cette culture facile, & très-expéditive, ils ont acquis toute la perfection qu'on pouvoit déſirer ; ils ont ſurpaſſé en groſſeur, en grandeur, & en qualité, ceux du quarré du jardin. La plus grande partie ont peſé entre 15 & 18 livres, & les plus petits entre 8 & 10 livres ;

de

de sorte que la récolte entiere de cette planche a été de plus de 840 livres.

Autres Expériences.

Je fis préparer avant l'hyver, cinq autres planches, pour les semer au printems : elles étoient au même terrein que celles des choux ; mais au lieu de lui être paralleles, elles étoient retournées d'équerre ; la forme de ce lieu ne me permit pas de leur donner plus de 40 piés de longueur. Cet espace étant trop court pour employer la charrue, je fis labourer & former ces planches avec la bêche, à la fin du mois de Novembre. Le milieu des planches fut bien relevé, & un sillon profond les séparoit ; la largeur de chaque planche, compris le sillon, étoit de six piés : on n'y mit point de fumier.

Les gelées de l'hyver ameu-

K

blirent entiérement ce terrein, & je le trouvai en tel état, que je ne crus pas devoir lui donner un autre labour avant de femer ; ce qui eft très-remarquable, puif-que n'ayant fait femer ces plan-ches que le 4. Mai, *elles le fu-rent fur un terrein qui n'avoit pas été labouré , depuis plus de cinq mois.*

Je fis donc fimplement un feul rayon au milieu des plan-ches, dans lequel on fema fur l'une de la graine de betteraves ; fur deux autres de la graine de carottes ; fur les deux reftantes on fema de la graine de fcor-fonere. La terre étoit à un bon degré d'humidité ; les grai-nes leverent très-bien ; on arra-cha les plantes qui fe trouverent trop ferrées , afin que la diftance entre les betteraves , fût de 14 ou 15 pouces , celle entre les carottes , de 7 ou 8 pouces , &

celle entre les fcorfoneres , de 4 ou 5 pouces : on n'a fait aucun arrofement à toutes ces plantes.

La raifon qui ne permit pas de labourer ces planches avec la charrue , a empêché qu'on ne pût s'en fervir pour les cultures ; ainfi les labours ont été faits avec un foffoir , les 15. Juin , 27. Juillet , & 6. Septembre. Les feuilles de ces plantes ont été trois ou quatre fois plus grandes que celles des mêmes plantes élevées dans le potager: quoiqu'il y eût 6 piés de diftance , d'une rangée de carottes à l'autre , leur herbe étoit venue à fe toucher au milieu du fillon en plufieurs endroits.

On arracha les betteraves le 25. Octobre. Elles fe trouverent beaucoup plus groffes que celles du potager ; elles étoient prefque toutes égales, ayant 5 à 6 pouces de diametre au‑deſſous du colet.

Le 8. Novembre on arracha les carottes. Le jardinier ne put cacher ſon étonnement, quand il vit leur groſſeur, lui qui auroit gagé tout ſon bien, lorſqu'il les ſema, que ces légumes ne mériteroient pas d'être arrachées : elles ont eu de longueur, 18 , 20 juſqu'à 25 pouces ; en diamettre, 2 pouces & demi , 3 pouces & demi , juſqu'à 4 pouces : elles ont peſé 25 onces , 25 onces & demi , 30 onces, juſqu'à 33 onces.

Les ſcorſoneres croiſſoient très‑bien ; leurs feuilles étoient très ‑ grandes juſqu'au dix‑ſept Aouſt, qu'ayant été huit jours ſans les voir, je les trouvai totalement déchues : les feuilles fanées & traînant ſur terre , indiquoient que les racines é‑toient attaquées ; je le reconnus bien-tôt, quand j'eus fait ouvrir le côté d'un fillon, pour mettre la groffe racine à découvert ; car je vis alors qu'elles étoient entiérement couvertes de pucerons blancs. Je fis remplir une partie du fillon de fuie, efpérant que fon amertume les éloigneroit : pendant quelques jours il y en eut beaucoup moins, les plantes parurent reprendre quelque vigueur, mais leurs ennemis revinrent en fi grand nombre, quelles furent reduites à rien, excepté deux petites bottes, qui nonobftant les plaies des pucerons, font parvenues à être plus groffes au bout de 6 mois, que celles du jardin potager après dix-neuf.

Outre l'avantage très-confidérable dont j'ai parlé, que toutes ces légumes ont pris fur celles du potager, il y en a deux autres très-dignes de confidération : elles ont premierement été de meilleur goût, d'une faveur plus agréable, plus tendres & plus délicates; fecondement il a fallu beaucoup moins de tems pour les cuire, que celles du po-tager : je ne penfe pas que cela foit uniquement dû à la fupref-fion du fumier; la nouvelle cul-ture doit y avoir quelque part ; elle procure à la feve une coc-tion plus parfaite ; les plantes jouiffent beaucoup plus des rayons du foleil; elles croiffent entourées d'un air plus pur, plus fain, & elles profitent du béné-fice des rofées, qui pénétrent affez profondément les terres que les cultures entretiennent fuffifamment divifées : il me pa-roît fondé en raifon d'attribuer à ces caufes la perfection que ces légumes ont eue à tous égards.

Après avoir vu des produc-tions fi belles qui ne peuvent

être attribuées qu'à la nouvelle culture, fur des légumes qui ref-teroient chetives & misérables, fi on fe relâchoit le moins du mon-de de la culture ordinaire de nos potagers, on ne peut pas douter qu'elle ne foit très-avantageufe aux blés, auxquels la pratique ordinaire refufe tout fecours, dans le tems de leurs plus grands befoins.

Le fuccès de ces premieres expériences fur les légumes, & le même objet qui me les a inf-pirées, m'engage à les continuer l'année prochaine. J'ai déja pré-paré des planches, pour les fai-re en plus grande quantité, & fur un plus grand nombre d'ef-peces.

Remarque.

Voila des expériences parfai-tement exécutées, & qui font bien propres à ranimer l'émulation de ceux qui auroient été dégoutés par quelques mauvais fuccès. Mais ces expériences nous engagent à faire remarquer, quoique nous l'ayons déja fait ailleurs ; 1°. qu'il eft important de ne négliger aucun des articles de notre culture ; 2°. qu'on ne doit guere attendre une telle attention d'un fermier ; il faut que le maître s'occupe lui-même de cette culture, fans quoi point de fuccès ; 3°. qu'il faut bien fe donner de garde de faire des effais de notre culture, tantôt dans un champ, tantôt dans un autre, puifqu'il eft prouvé quelle réuffit mieux la feconde & la troifieme année que la premiere ; 4°. que chacun doit réfléchir fur les accidens qui lui arrivent, pour y apporter le remede convenable. Si M. de Châteauvieux s'en étoit tenu au peu de fuccès de fes premieres tentatives, il n'auroit pas eu les avantages dont il a joui cette année, qui suivant toutes les apparences, doivent encore augmenter à la prochaine récolte ; 5°. il ne faut pas, en évitant de surcharger la terre de semence, en laisser la plus grande partie inutile ; c'est pourquoi on aura l'attention de ne point trop économiser la semence, & on évitera de faire les plate-bandes trop longues. Nous estimons qu'au moyen de la charrue, dont nous parlerons dans le Chapitre II, de cette troisieme Partie, il suffira de les faire de trois piés ou trois piés & demi de longueur ; 6°. nous invitons les amateurs d'agriculture d'éprouver lequel est le plus avantageux de mettre trois ou seulement deux rangées sur chaque planche.

XIII.

Sur une espece de froment qu'on appelle communément : blé d'abondance, de miracle, ou de Smyrne.

Nous avons dit dans la premiere Edition de cet Ouvrage (Chap. XVI. *pag.* 195. & dans cette 2ᵉ Ed. Tom. I. *p.* 206.) que le blé de Smyrne ou de miracle produit plusieurs gros épis ramassés en bouquet au haut d'une tige ; qu'il lui faut beaucoup de nourriture ; que pour cette raison , il réussit très-bien dans les potagers ; mais qu'il ne produit pas plus de grain qu'un autre quand on le seme à l'ordinaire ; nous avons ajouté que probablement on en tireroit un meilleur parti, si on le cultivoit suivant nos principes.

M. le Vayer, Maître des requêtes, en a fait femer en 1751, à fa terre de la Duviere, & la récolte en a été fort bonne. Il en a encore femé, fuivant l'ufage ordinaire en 1752; & quoique le fuccès ait été beaucoup moindre, il a récolté un tiers de plus que ne lui auroit fourni le froment ordinaire.

Enfin, pour effayer d'en tirer tout le parti poffible, il en a fait femer cette année par rangées, en fuivant notre méthode. Nous en avons auffi fait femer un petit champ avec du grain que M. le Vayer nous a envoyée : nous aurons foin l'année prochaine d'informer le public du fuccès de ces épreuves.

XIV.

Diverses expériences sur les blés, exécutées aux environs de Bordeaux, & dont M. Navarre, Doyen de la Cour des Aides, a bien voulu me faire part.

Dans l'Automne de 1750, M. Conilh ensemença suivant la nouvelle méthode, & sans fumier, la treiziéme partie d'un Journal : (le Journal Bordelois contient 839 toises quarrées , moins une très-petite fraction.) C'est dans la Paroisse de Bassens près Bordeaux : il y employa 3 onces de froment, il y recueillit en 1751, 57 livres 8 onces de froment ou 920 onces.

Il ensemença en même tems, selon la méthode ancienne & ordinaire dans le champ contigu, une pareille portion de terre, il y employa 8 livres & un quart

de froment, il en recueillit foi-
xante-deux livres & demi ou mil-
le onces.

Il eſt vrai que cette terre enfemencée ſuivant l'ancienne méthode, étoit très-bien labourée
& bien fumée, au lieu que la
précédente n'étoit pas fumée ;
que les grains y furent femés à
la diſtance de 8 pouces l'un de
l'autre, & que ſur chaque planche large de 6 à 7 piés, il y avoit
5 rangées.

Si l'on examine par le calcul
ce qui vient d'être dit, on trouvera 1°. que la récolte rendit
306 pour un; 2°. qu'en faiſant
entrer la femence en ligne de
compte, on recueillit quelque
choſe de plus dans la terre enfemencée felon la nouvelle méthode, quoique non fumée, que
de celle qui fut bien fumée &
enfemencée ſuivant l'ancienne
méthode.

Dans un lieu voisin de celui dont on vient de parler, M. Conilh sema, selon la nouvelle méthode, 624 grains de froment, (l'once en contient 720,) distants les uns des autres de 8 pouces. Cette terre avoit été depuis six ans, reguliérement ensemencée de blé d'Espagne ; elle étoit fort mal travaillée & non fumée, quand on traça les rigoles pour l'ensemencer ; elle étoit même toute en mottes, parce qu'elle étoit excessivement mouillée. On y a recueilli 22 livres & demi de blé ou 360 onces ; ce qui par un calcul exact revient a 415 pour un.

A la moisson de 1752, M. Conilh a été moins content du succès de ses épreuves, que de celles de l'année précédente : il avoit semé 72923 grains, pesants 6 livres 7 onces 7 gros 24 grains, dans l'espace de 658 lattes quarrées: (*a*) il a recueilli 8 boiffeaux 3 quart ; le boiffeau eft de 114 à 120 livres pefant. Ainfi la récolte a été de 11733 onces, ce qui fait 113 pour un.

Dans un autre terrain de 70 lattes quarrées, il avoit femé 6900 grains pefants 9 onces 5 gros 60 grains : il y recueillit 115 livres de froment.

Dans un autre terrein de 128 lattes quarrées, ou un quart de journal, il avoit femé 14016 grains pefants une livre 3 onces 4 gros 48 grains, il a recueilli 108 livres de froment.

M. Conilh a remarqué que de ces divers terreins enfemencés, celui où il a eu la plus belle récolte, eft celui où il avoit déja fait un de fes effais l'année pré-

(*a*)Le Journal contient 512 lattes quarrées, la latte quarrée contient 49 piés de terre quarrés; le pié de terre eft de 12 pouces, & le pouce de 14 lignes de Roi.

cédente. Il avoit eu soin de faire les labours d'Eté, avec une petite charrue attelée à un bœuf.

Le même avoit semé le 15. Mars, deux planches de froment, qu'on appelle blé de Mars. M. Navarre étant allé les voir, vers la fin de Juin, le blé lui parut avoir bien tallé; les tuyaux étoient fort grands, ainsi que les épis; les moindres piés contenoient environ 30 à 35 tuyaux, il y recueillit des épis longs de 7, 8 & 9 pouces.

Le même avoit fait un essai d'une autre espece; il avoit semé un terrein, en répandant à l'ordinaire la semence sur les planches, & en diminuant considérablement la quantité de semence. Mais il y a remarqué un inconvénient considérable; on y voyoit de grands espaces vuides, & d'autres où les grains étoient beaucoup trop près les uns

uns des autres; d'où l'on peut conclure qu'il eſt beaucoup mieux de mettre la ſemence dans des rigoles, où elle ſe diſtribue plus reguliérement, & par ce moyen on a la facilité d'en arracher les mauvaiſes herbes.

Le 13. Décembre 1751, M. Navarre enſemença quatre petites planches, dont deux de froment, une de ſeigle, & la quatriéme d'orge : ces planches avoient 24 piés de longueur, & chacune avoit la largeur de 6 piés; on y ſema les grains à 8 pouces de diſtance les uns des autres : chaque planche avoit trois rangées, entre leſquelles les ſéparations étoient de huit pouces.

Le froment parut long-tems avant le ſeigle & l'orge; les inſectes y firent un dommage conſidérable, principalement au fro-

ment ; non feulement, ils cou-
poient chaque jour à fleur de
terre, des jets hauts de deux ou
trois pouces mais ils attaquoient
auffi les racines & le grain en
terre. M. Navarre prit plufieurs
de ces infectes (*b*) de deux différentes efpeces, la plus nom-
breufe étoit de petits vers longs
de 3, 4 à 5 lignes, garnis de petites jambes dans toute leur longueur, & armés vers la tête de
deux petites cornes ; dégoûté par
cet inconvénient, il abandonna
ce terrein, croyant qu'il n'y vien-
droit rien : le feigle & l'orge leverent beaucoup plus tard.

Néanmoins il apperçut dans la
fuite avec étonnement, divers
piés de froment à quelques-uns
defquels il trouva plus de 60
tuyaux avec de longs épis : le feigle & l'orge furent moins endom-

(*b*) Ce font des Scolopendres ou **Mille-**
piés.

magés ; le feigle avoit communément des piés de 50 à 55
tuyaux, fort hauts & bien épiés ;
parmi les piés d'orge, il en trouva un qui avoit 101 tuyaux.

Mais ce qu'il remarqua fort
clairement, c'eft que dans toutes
ces planches, la rangée du milieu avoit toujours des piés moins
fournis & plus maigres, d'où il
conclut qu'il feroit mieux de
ne faire que des planches de 4
piés de large, & de n'y mettre
que deux rangées à la diftance
d'un pié, cette largeur étant fuf-
fifante pour faire les labours d'E-
té avec un bœuf.

L'Automne de 1751, Mada-
me la Préfidente d'Augeard fit
femer à fa terre de Tergan, dans
un affez mauvais terrein non fumé, des grains de froment, à la
diftance de huit pouces ; on n'y
fit depuis aucun labour ; on y ar-
rachoit feulement quelquefois

les mauvaifes herbes. Il s'y trouva un certain nombre de grains de feigle mêlé , & entr'autres un grain d'avoine ; tout cela réuffit fort bien. Les tuyaux, tant de froment que de feigle , étoient nombreux à chaque pié ; le tuyau d'avoine , d'ailleurs fort gros, avoit 4 piés & demi de haut, & on y en compta 77 à la fin de Juin , fans y comprendre les petits tuyaux qui n'avoient pas encore épiés.

La même Dame fit pareillement femer du froment dans une autre terre qui n'étoit pas meilleure que la précédente ; les planches bombées avoient 6 à 7 piés de large , & dans les fillons creux, il y avoit des piés d'afperge. Les grains de froment étoient à trois rangées , & à 8 pouces de diftance les uns des autres.

Tout ce blé devint fort beau.

On avoit employé en femence
1000 grains, ou 1 once 1 gros
& demi (*c*); on en recueillit en
Janvier 1752, 17 livres, fans y
comprendre ce que les oifeaux
& la volaille en avoient mangé,
& ce qui s'en égraina quand on
en fit la moiffon, ce que l'on ar-
bitroit à un tiers de la récolte.

M. Navarre remarqua qu'il y
avoit dans ce froment plufieurs
épis barbus, & d'autres qui ne
l'étoient pas; ce qui confirme
ce que j'ai dit que le blé barbu
ou le blé ras n'eft que la même
efpece de blé.

Le 3. Juillet 1752, M. Navarre fit une couche de bonne
terre d'environ 4 à 5 pouces de
haut, & de trois piés en longueur & en largeur; il répandit
par-deffus environ deux pouces
de crotin de cheval pris dans
l'écurie; il couvrit enfuite cette

(*c*) 720 grains pefent une once.

couche de bonne terre d'environ 4 à 5 pouces de hauteur.
Cette planche étoit deftinée
pour y planter de la falade ; mais
ayant differé à le faire, il apperçut au bout de quelques jours
qu'il en fortoit des jets d'avoine.
Bien-tôt cette terre en fut toute
couverte ; les tuyaux monterent
& épierent. Vers le milieu de
l'automne, le beau temps ayant
duré, cette avoine vint à maturité : c'étoit les grains d'avoine
qui fe trouverent mêlés fans al-
tération dans ce crotin, où ils
n'avoient pas été digérés par les
chevaux.

Le 29. Juin 1752, ayant cueilli un épi de froment, M. Navarre y trouva des grains qui
étoient encore en lait ; il en mit
une douzaine en terre, qui leverent fort bien ; le froid arrivant
trop tôt, fut le feul obftacle à
ce qu'ils vinffent à maturité, car

les épis étoient bien formés.

M. Eyma de Bergerac avoit femé, felon la nouvelle métho-de, trois picotins de feves, (le picotin eft la 32me partie d'un boiffeau,)il en recueillit en 1752, 4 boiffeaux & demi : c'eft 144 pour un.

M. Boiffiere, Médecin de Ber-gerac, ayant femé felon la nou-velle méthode, le quart d'un pi-cotin de froment, en a recueilli 96 picotins, fans y compren-dre le dégat confidérable qu'y avoient fait les oifeaux & la vo-laille, & ce qui s'en étoit perdu par l'égrainement; dommage que l'on peut évaluer au tiers.

M. de Vormefel, Gentilhom-me de Perigord, a eu cette an-née 1752, le 1. de Juin, une très-belle piece d'orge prête à recueillir (car on devoit la moif-fonner le lendemain) entiere-ment hachée par la grêle, qui a

fait le même ravage fur une belle
piece de froment voifine de cette piece d'orge : il prit le parti
de faire faucher cet orge pour
en recueillir ce qu'il pourroit :
enfuite il fit labourer & renverfer fa terre ; il en a recueilli une
belle moiffon à la fin de Juillet.
Il avoit laiffé au contraire la piece de blé au hafard fans la faire
faucher ; les piés de froment ont
pouffé beaucoup de rejettons
qui font parvenus à épier, mais
les épis en ont été cours, & la
récolte peu confidérable ; M.
Navarre a vérifié lui-même tous
ces faits.

M. Boiffiere, Médecin de Ber-
gerac, a enfemencé une piece
de terre en froment dans l'automne de 1750. Elle fut hachée
par la grêle du 1. Juin 1751 ;
ainfi il n'en retira rien. Les grains
& les pailles fe répandirent fur
la terre, les oifeaux, les volailles

&

& les bestiaux y mangerent à discretion. Au mois de Septembre suivant M. Boissiere prit le parti de faire labourer ce terrein, & d'y faire semer de la graine de raves : il en sortit très-peu ; mais bien-tôt après, on y vit croître beaucoup de froment. L'hyver ayant passé dessus, la moisson donnoit belle espérance, & en effet, au mois de Juillet 1752, la récolte en fut assez bonne.

L'exemple du sieur Boissiere a operé ce qui suit.

Le 10. Juillet les habitans d'Eymet (à trois lieues de Bergerac,) ayant eu leurs blés hachés par la grêle, ont pris le parti de labourer leurs terres sans les ensemencer de nouveau, dans l'espérance de voir repousser ce blé, & d'en recevoir une récolte en 1753. M. Navarre promet de m'informer du succès.

M. Boissiere a connu par sa

M

propre expérience en 1752, que le blé qu'il avoit semé selon la nouvelle méthode, pese environ 20 livres de plus par boisseau, que celui semé selon l'ancienne méthode.

Il est constant que le blé semé selon la nouvelle méthode, mûrit plus tard que l'autre ; la raison n'en est pas difficile à découvrir ; de-là M. Navarre conclut qu'il faut semer le froment de bonne heure, même vers la fin d'Aoust ou le commencement de Septembre ; sa récolte en sera d'autant plus avancée. Il n'en est pas de même du seigle, il faut le semer tard, pour qu'il épie plus tard ; car nous savons que lorsque les dernieres gelées du printems surprennent le seigle quand il commence à épier, elles le détruisent infailliblement. On n'a pas la même chose à craindre du froment ; il est plus robuste ; & comme il vient dans les terres grasses, les gelées ne l'endommagent pas.

Ceux qui font des essais de la nouvelle méthode, se plaignent de ce que les oiseaux y font plus de dommage que dans les pieces ordinaires de blé. Cela vient très-certainement de ce qu'on fait ces essais dans des endroits particuliers, & éloignés des autres terreins ensemencés ; les oiseaux qui y passent, s'y jettent, & le dommage y paroît plus considérable. Si l'on faisoit ces essais dans des lieux contigus aux autres terres ensemencées, le dommage seroit moins sensible, parce qu'il seroit supporté dans une grande étendue de terrein ; d'ailleurs, ce qui nuit encore à ces essais, c'est que le blé y mûrit tard, & lorsque les autres blés font déja coupés : si l'on seme ces grains plutôt que dans

la méthode ordinaire, on le re-
cueillira auffi-tôt que l'autre, &
cet inconvénient ceffera.

M. Navarre rapporte un expédient pour garantir des vers,
les racines & les jets des petites
plantes de blé, qu'on dit avoir
été éprouvé en Périgord, mais
cependant qui mérite confirma-
tion ; c'eft de mettre auprès de
la piece enfemencée, un tas de
fumier environ de deux char-
retées, car il faut qu'il foit affez
confidérable pour conferver in-
térieurement fa chaleur ; les
vers fi jettent infailliblement, &
fi l'on ouvre vers le mois de Mars
ces tas de fumier, on y trouvera
une grande quantité de ces vers,
qu'en Périgord on appelle *mu-
lots* ou grillets ; en patois, *trau-
que-courge* ; ce qui en françois fi-
gnifie, perce-citrouille : ils ont
un grand nombre de piés, & leur
tête eft armée de deux écailles

qui tranchent comme des ci-
ſeaux ; c'eſt avec ces eſpeces de
cornes qu'ils coupent les racines & les jets des plantes.

M. Carré dans les obſervations
Botaniques de l'Hiſtoire de l'A-
cadémie des Sciences pour 1710,
dit qu'en France, le blé a beſoin
de paſſer un hyver en terre pour
produire ; il n'en excepte que
celui qu'on appelle blé de Mars,
parce qu'il n'ignore pas que ce
froment ſemé en Mars, donne
ſa moiſſon auſſi-tôt que celui
ſemé en automne.

M. Navarre rapporte deux obſervations, pour prouver qu'il
étoit dans l'erreur.

Le premier fait eſt, que dans
le Limouſin, lorſque la rigueur
de l'automne ne permet pas de
ſemer le froment, le ſeigle, &c.
on remet la ſemaille au printems :
la récolte ne s'en fait pas moins
dans le tems ordinaire ; avec cet-

te feule exception remarquable, que la paille en eft plus courte ; mais les épis n'en font pas moins longs.

Le deuxiéme fait que M. Navarre dit connoître par fon expérience, c'eft qu'ayant femé les 7. & 8. Mars 1752, du blé blanc en même tems qu'il femoit du blé de Mars, ce blé blanc tarda long-tems à pouffer des tuyaux ; le 15. de Juin, il ne formoit encore fur la terre que des touffes circulaires & applaties , mais dans le mois de Juillet, il s'éleva & fournit des tuyaux hauts & nombreux ; la récolte s'en fit au mois d'Aouft.

Ces deux obfervations ont fait penfer à M. Navarre, que des grains femés en Mars, ne profitoient pas moins de tous les engrais qui avoient pénétré la terre, & qui s'y étoient accumulés pendant l'hyver , que s'ils avoient

été femés en automne : néanmoins nous avons rapporté dans
le Journal de l'année derniere
une expérience faite dans un
climat affez femblable à celui de
Provence , qui ne s'accorde pas
avec le fentiment de M. Navarre;
& nous avons fait à ce fujet plufieurs épreuves qui n'ont pas
réuffi ; mais nous avons dit que
la circonftance des faifons pouvoit produire la différence qu'on
remarque entre les expériences
de M. Navarre & les nôtres.

M. le Préfident Bonrepos ,
agriculteur attentif & intelli-
gent, enfemença dans l'automne de 1751 plufieurs planches
d'un beau froment d'Angleter-
re, felon la nouvelle méthode ,
& plufieurs autres planches con-
tiguës, felon l'ancienne méthode ; il s'apperçut , long-tems
avant la récolte , qu'il y avoit
beaucoup de blé noir & char-

bonné dans les planches enfemencées felon la nouvelle méthode, & qu'il n'y en avoit point
dans celles enfemencées felon
l'ancienne méthode.

Cette expérience prouve que
le blé enfemencé fuivant la nouvelle méthode, n'eft pas moins
fujet à être charbonné que tout
autre. (*a*)

Le même Préfident Bonre-
pos ayant eu un grand nombre
de fes métairies remplies de blé
charbonné en 1750, eut recours
à un expédient qui lui réuffit :
il paffa 37 boiffeaux de ce froment dans un crible dont on fe
fert dans le haut pays pour le
trier & le bien nettoyer, quand
on le deftine à en faire du minot.

Par la premiere des ouvertu-

____

(*a*) Mais cette expérience ne s'accorde
point avec celles qui ont été faites dans
différentes Provinces, & que nous avons rap-
portées.

res de ce crible, il en paſſa 29 boiſſeaux du meilleur & du plus net.

Par la ſeconde, il en paſſa 5 boiſſeaux du médiocre, & propre à faire du pain pour les domeſtiques.

Par la troiſieme paſſerent les trois autres boiſſeaux, c'étoit ce qu'il y avoit de plus défectueux, & qui ne pouvoit ſervir qu'à être abandonné aux volailles.

Toutes les métairies chargées de blé noir l'année précédente, furent enſemencées de ce premier blé qui étoit le plus beau, à l'exception d'une ſeule métairie qu'on enſemença de blé qui n'avoit pas paſſé par ce crible. Cette derniere métairie ſe trouva, lors de la récolte, chargée de blé charbonné, au lieu qu'il ne s'en trouva pas un ſeul grain de cette eſpece dans toutes les autres métairies ; ce qui conduit à pen-

fer que ce ne font pas les brouillards ni la nielle qui charbon-
nent le blé, mais plutôt que c'eſt
un vice dans le grain que l'on
feme. (*b*)

On feme le Mars en automne
tout comme au printems : le plus
habile homme que M. Navarre
connoiſſe dans le pays, ſoutient,
fondé ſur des expériences, que
celui qui eſt ſemé en Janvier
réuſſit mieux que celui qui eſt
ſemé en toute autre ſaiſon. (*c*)

Un Métayer du Préſident de
Monteſquieu, recueillit dans ſa
métairie auprès de Clairac, une
moiſſon abondante de blé d'Eſ-
pagne, pendant que tous ſes voi-
ſins en firent une très-mauvaiſe.
M. le Préſident de Monteſquieu

(*b*) On ne peut avoir de confiance en
cette expérience, que quand elle aura été
répétée pluſieurs fois.

(*c*) Il faut donc que ceci ſoit propre au
terrein de Bordeaux ; car l'orge & l'avoine
gelent dans nos climats.

lui ayant demandé comment il avoit pu faire pour se procurer cet avantage singulier, le métayer lui répondit qu'il avoit travaillé & labouré sa terre onze fois, depuis les semailles jusqu'à la récolte, que par cette raison sa terre avoit profité de toutes les pluies, rosées, brouillards, &c. au lieu que la terre de ses voisins n'en profitoit pas, à cause d'une espece de croûte seche & dure, qui se forme au-dessus quand on ne la travaille pas : cette observation quadre à merveille avec les principes sur lesquels la nouvelle culture est établie.

CHAPITRE II.

*Description de différentes charrues
propres à labourer les terres suivant
les principes de la nouvelle culture.*

I.

NOus avons conseillé dans le
Journal des expériences de
1750, de se contenter d'éprouver
sur de petits champs, la nouvelle
méthode de cultiver les terres,
pour s'accoutumer peu à peu à
une culture qui, quelque simple qu'elle paroisse, peut man-
quer par l'omission de quelques
pratiques qui semblent moins
importantes qu'elles ne le sont.

Si on avoit commencé, no-
tre culture sur de grandes pié-
ces de terre, un mauvais succès
n'auroit pas manqué de produire un découragement qui auroit
détourné de faire de nouvelles
tentatives. Il est effectivement

raisonnable de regretter la perte d'une partie considérable de son revenu ; au lieu que des épreuves qui ne peuvent occasionner un dommage sensible, excitent l'émulation, lors même que les succès sont médiocres. On cherche à s'instruire par ces petits essais, des précautions qu'il faut prendre pour parvenir à avoir d'abondantes récoltes : car c'est toujours un plaisir sensible pour un homme capable de réflexions, que de devoir ses succès à ses propres recherches & à ses observations.

Nous nous appercevons avec plaisir que les épreuves se font suffisamment multipliées pour donner de la confiance, & que plusieurs amateurs d'agriculture osent étendre cette nouvelle culture à des parties considérables de leurs domaines. Mais dans ce cas, les labours à bras deviendroient onéreux ; & il leur eſt ſi indiſpenſable de ſe procurer des inſtrumens qui permettent de les faire avec des chevaux ou avec des bœufs.

Nous avons donné dans le Journal de 1751, la deſcription d'un ſemoir ſimple & commode qui diſtribue la ſemence par rangées ; & nous nous propoſons de tranſmettre inceſſamment au public la deſcription d'un ſemoir que M. de Châteauvieux a imaginé. Ainſi pour ſatisfaire à tout ce qu'on peut déſirer, il ne reſte qu'à donner la deſcription de pluſieurs charrues très-aiſées à exécuter, & qui ſoient d'un ſervice fort commode. Nous croyons cependant qu'il eſt indiſpenſable de faire précéder ces deſcriptions, par quelques réflexions générales ſur les charrues qui ſont en uſage dans différentes provinces.

Le foc eft la partie effentielle de toutes les charrues ; il eft pref-que toujours formé par un fer plat & acéré. Ce fer étant in-troduit à deux ou trois pouces fous la terre, doit l'ouvrir ; mais il y a des focs qui coupent la terre en deffous, pendant que les au-tres ne la divifent que comme pourroit faire un coin. Il eft clair que ceux-ci ont à vaincre la ré-fiftance des racines, & qu'ils paî-triffent & corroyent les terres fortes & humides : ces raifons nous ont déterminé, auffi bien que M. de Châteauvieux, à donner la préférence aux focs coupans.

Le coutre eft un morceau de fer tranchant qui coupe la terre verticalement vis-à-vis l'extrémi-té du foc, pendant que le foc la coupe horifontalement entre deux terres. La tranchée que forme le coutre, fait que la terre eft mieux divifée, & elle diminue la resistance du soc.

Quoique dans quelques Provinces les charrues n'aient point de coutre, nous regardons cet instrument comme très - utile pour les gros labours ; mais on peut s'en passer, quand on donne des labours légers à une terre qui est en bonne façon, & dans laquelle il n'y a point de racines : c'est pour cette raison que la charrue que M. de Château-vieux nomme la patte d'oie, n'en a pas besoin, non plus que celle dont parle M. Vandusfel.

Toutes les charrues exigent deux conditions essentielles : l'une est que le soc & le coutre entrent suffisamment dans la terre non labourée, pour la verser dans le sillon ; c'est ce que les laboureurs appellent *l'entrure*. Les charrons donnent cette proprié-té aux charrues en rendant le soc & le coutre un peu obliques

à

à l'age, du côté de la terre qu'on veut entamer ; & les charretiers augmentent ou diminuent l'entrure, en inclinant un peu les manches de la charrue vers la terre non labourée, ou vers le fillon. On verra dans la suite, qu'on est maître avec nos charrues, d'augmenter ou de diminuer l'*entrure* tant qu'on veut.

L'autre condition, qui est encore plus importante pour faire un bon labour, est que la charrue pique convenablement à la qualité de la terre qu'on travaille : on y parvient aisément avec les charrues qui ont un avant-train, en avançant ou en reculant l'age fur la fellette ; mais il y a des charrues qui n'ont point d'avant-train, & entre celles-là, les unes ont derriere un long manche qui fournit au charretier un puissant levier avec lequel il fait piquer plus ou moins fa

charrue ; dans d'autres Provinces
les charrues fans avant-train,
font établies fur le joug des
bœufs, de façon que le foc ne
pique ni trop ni trop peu : ces
charrues ont ordinairement un
fep fort large & fort long, qui
leur donne beaucoup d'affiette
& contribue à entretenir le foc
dans la pofition convenable ; &
pour profiter de cette affiette, les
charrons ont foin de mettre des
coins qui étant plus ou moins
frappés, augmentent ou diminuent l'angle que le fep fait avec
l'age.

Je m'étois d'abord propofé de
fuivre ce fyftême de charrues
pour labourer les plate-bandes
entre les rangées de froment.
J'en avois fait conftruire plufieurs, dont des charretiers accoutumés à les manier auroient
fu tirer parti ; mais les nôtres
n'ont pu s'en accommoder.

On voit à la fin du **traité** de la culture des terres une charrue légere que nous avions fait conftruire pour labourer nos femis de bois. M. de Corbeil qui a fa terre près Montargis, a fu en tirer un bon parti, pour des cultures particulieres qui font dans le même genre que celles que nous propofons pour le froment ; mais la difficulté d'établir les limons de cette charrue à une hauteur convenable fur le dos du cheval, nous a engagé à chercher quelque chofe de mieux.

J'apperçus l'Eté dernier, en revenant de Rochefort, des charrues qui n'avoient pour foutenir l'age à la hauteur convenable, qu'une fort petite roue qui tenoit lieu de tout l'avant - train : auffi-tôt j'imaginai une charrue ; & pendant que je la faifois exécuter, je reçus la defcription de celle de M. de Châteauvieux.

Ma charrue étoit trop avancée
pour suivre en entier les idées
dont il me faisoit part ; mais heureusement je vis, qu'au moyen
d'un petit changement à l'avant-
train , je pouvois procurer à ma
charrue tous les avantages de
celle de M. de Châteauvieux :
bien plus, en conservant plusieurs
choses de mon ancienne charrue , je crois que celle que j'ai
rectifiée sur les idées de M. de
Châteauvieux, est plus commode
que la sienne. Il sera aisé d'en
juger, puisque je ne donnerai la
description de ma charrue qu'a-
près avoir rapporté la description
& les desseins que M. de Châteauvieux a bien voulu me com-
muniquer.

I I.

Description de la charrue *de M.
de Châteauvieux.*

J'ai composé, dit M. de Châteauvieux, trois inſtrumens ſimples, & auxquels je donne autant de légéreté, que la qualité des terres le peut permettre : les méſures que je preſcris, ſont celles que j'ai employées pour labourer les plus fortes terres.

J'appelle le premier, la *charrue* proprement dite ; le ſecond, le *cultivateur*; & le troiſiéme, les *pattes d'oie*.

Cette charrue eſt formée de l'avant-train, & de l'arriere-train qui porte le coutre & le ſoc.

De l'avant-train.

Il eſt compoſé d'une roue de 32 pouces de diamettre, qui peut être porté a 34 pouces, & diminué juſqu'à 30 pouces ; mais non au-delà de ces méſures, il en réſulteroit des inconvéniens; on la peut faire très-légere, ſurtout ſi on la fait ferrer de bandes, ou d'un cercle de fer qui doit être très-mince. Cette roue

est repréſentée dans la Planche
VI. *Fig.* 1. 2. & 3. dont la 2ᵉ. repré-
ſente le plan, & la 1ʳᵉ. le profil. Il

Le bâti dans lequel on place
la roue, eſt formé de deux montans ou limons *A B*, *C D Fig.* 2.
diſtants l'un de l'autre par le dedans de 18 pouces ; ce qui fixe
la longueur du moyeu de la
roue. Ces montans ont 4 piés
8 pouces de longueur & peuvent être réduits à 4 piés 4 pouces, en les diminuant par les
bouts *C* & *A.* Le bois de ces
montans a environ 2 pouces $\frac{1}{4}$
en quarré ; il en faut abbattre les
arêtes. Ces deux pieces ſont aſ-
ſemblées par les deux traverſes
E F, *G H*, qui ont deux pouces
& demi de largeur, & environ
un pouce d'épaiſſeur ; elles ſont
chevillées à demeure à l'un des
montans, en *E* & *G* ; à leur autre bout *F* & *H*, il faut que le
montant ſe puiſſe démonter,

pour enfiler aux traverfes la flé-
che ou l'age *IK* de la charrue ;
après quoi on remet en fa place
le montant *CD*, qu'on tient folidement arrêté avec les chevilles de fer, *a*, *b*. On introduit
entre les montans la roue *LM*,
qui eft percée dans fon centre,
d'un trou proportionné à la groffeur de la cheville de fer, *NO*,
qui fert d'effieu, & qui eft repréfentée par les deux lignes ponctuées ; fon diamettre eft d'environ 8 lignes ; elle ne doit pas
excéder en longueur les montans par le dehors, afin que rien
ne puiffe accrocher les tuyaux
des blés quand on les laboure ;
& pour fixer cette cheville en
N, je fais courber l'un de fes
bouts en fer applati fuivant la forme du bois du montant, & il
vient fe terminer au milieu de fa
face fupérieure en *d*. A cette extrêmité du fer applati, on fait un

petit trou ; on perce immédiatement au-deſſous de ce trou le
montant, pour y arrêter par une
petite cheville de fer, celle qui
forme l'eſſieu, comme cela ſe voit
en *d*.

Sur la ſurface ſupérieure de
chaque montant, aux bouts *A*
& *C*, ſe poſent les crochets
A C, qui reçoivent les traits des
chevaux, ou des bœufs ; & au
bout de derriere *B* & *D*, ſe pc-
ſent les anneaux dont on verra
l'uſage ci-après.

Les montans *AB*, *CD* ſeront
percés de 4 ou 5 trous pour changer la roue de place, afin de l'a-
vancer ou reculer, pour faire
piquer plus où moins la charrue
dans la terre ; comme on le voit
Fig. 1. en *a*, *b*, *c*, *d* : les mêmes
trous ſont indiqués par des lignes
ponctuées aux deux montans de
la *Figure* 2, depuis *A* juſqu'en
N, & depuis *C* juſqu'en *O*.

De

De l'arriere-train.

Il eſt formé par la fleche *I K*, *fig.* 1 & 2; par le ſcep *A B*, *fig.* 27, & en *CD fig.* 1, où il eſt recouvert du ſoc *LD*; par les manches ou cornes *K P*, *KQ fig.* 2, & *K P fig.* 1; par l'attelier *F F fig.* 1, dont partie eſt ponctuée, & dont on voit le bout en *X*, *fig.* 2; par l'oreille *R S fig.* 2, & dont on voit une partie en *M*, *fig.* 1; par le coutre *G H fig.* 1, & *T V fig.* 2; & enfin par le ſoc *L D fig.* 1, & dont on voit une partie en *Y fig.* 2.

L'age, ou la fleche a 4 piés 8 pouces de longueur, ſans y comprendre le tenon qui traverſe les cornes. Sa groſſeur à la partie la plus épaiſſe, c'eſt-à-dire, depuis *X* juſqu'à *V fig.* 2. étant de trois pouces $\frac{1}{4}$, eſt plus forte qu'il ne faut, eu égard aux diminutions que le deſſein indique aux autres parties de sa longueur : les mortaises de la fleche qui font au-deffous de *g,h,* & dans lesquelles s'enfilent les deux traverses *EF, GH* du bâti ; doivent être affez juftes, pour éviter le ballottement ; elles doivent néanmoins être telles, qu'on puiffe faire glifler fans peine, la fleche fur les traverfes , pour la placer entre les montans, foit à droite vers *E G,* foit à gauche vers *FH,* felon qu'il eft néceffaire pour le labour qu'on veut faire. La fleche y fera arrêtée par l'un de ces deux moyens ; 1°. par les clefs *m n,* en les faifant ferrer : la fleche eft fermement affujettie aux traverfes *EF, GH* ; 2°. par deux chevilles de fer , que l'on met aux trous *p* & *q* pofées fur les traverfes, l'une à droite fur la traverfe *E F,* & l'autre à gauche , fur la traverfe *G H* : ces chevilles empêchent que la fleche ne puisse changer de situation.

Le scep *fig.* 27. *Pl. VI.* a 22 ou 23 pouces de longueur, depuis *A*, jusqu'en *B*, sans y comprendre la partie *A D*, qui doit entrer sous le soc, comme on le voit *Planche VII. fig.* 3, 6, & 14 ; & sa grosseur doit être de 3 pouces à 3 pouces & demi en quarré ; son extrêmité du côté du soc, doit avancer par dessous de 6 à 7 pouces. Pour remplir cette partie vuide du soc, le scep sera ajusté de sorte que le soc porte sur ce bout du scep, comme on le voit dans les *figures* 3 & 6, dont l'une représente le côté droit & l'autre le gauche.

Le scep doit être un peu concave par dessous, comme le représente la *fig.* 27. *Planche VI.* en *C D*, afin de diminuer son frottement sur la terre.

La fleche *IK fig.* 1. & le scep

CD sont assemblés par l'attelier *FE*, & par les cornes *PK*, *h*, l'une & l'autre chevillées au scep, par deux boulons de fer, dont on voit les têtes en *g* & *h* & à la fleche, de même que le tenon de la fleche qui traverse les cornes aux endroits *m*, *n*; & par les deux coins *p*, *o* & *q*, dont on verra un autre usage ci-après. Pour faire les cornes, il est bon d'avoir du bois naturellement fourchu, afin qu'elles soient d'une seule piece, laquelle doit être disposée de maniere, qu'un tiers du vuide entre les deux cornes, soit du côté gauche, & les deux autres tiers du côté droit, afin de faciliter la marche du laboureur dans le sillon : on voit cette disposition dans la *fig.* 2. par laquelle une ligne *e*,*f*, passant par le milieu de la fleche, & prolongée au delà des cornes, donne effective- ment à sa gauche un tiers *Pf*, de la diftance PQ, qui eft entre les deux cornes, & les deux autres tiers fQ de l'autre côté.

Si on n'avoit pas de bois fourchu, on pourroit faire ces cornes de deux pieces, folidement arrêtées l'une à l'autre ; & même felon le goût ou la commodité du laboureur pour fa marche, on les pourroit difpofer comme elles font repréfentées par la *fig.* 29. où le vuide entre les cornes, eft jetté tout entier à la droite.

L'attelier EF, doit être très-bien & très-juftement affemblé, par fon tenon ou fcep, en g ; l'intelligence du charon en fixera affez la groffeur, qui eft d'environ deux pouces & demi de largeur, & un bon pouce d'épaiffeur, l'inclinaifon de cette piece avec le fcep, lui donne plus de force pour réfifter, que fi elle y étoit affemblée à angle droit.   O iij

Le verſoir, ou oreille, repréſenté par *R S*, *Pl. VI. fig.* 2. & *A B*
Pl. VII. fig. 14. a de longueur 30
à 31 pouces, & 10 pouces de
hauteur ou de largeur; il doit être
poſé comme il eſt repréſenté en
la *fig.* 30. où ſon extrêmité *A* fait
un angle aigu, terminé à la jonc-
tion de l'aile du ſoc où il aboutit;
ſon autre extrêmité *B* eſt prolongée au - delà de la longueur du
ſcep, contre lequel il doit incliner, de maniere qu'en ſuppoſant
le ſcep prolongé juſques en *C*, la
ligne *CB* ait douze à treize pouces
de longueur, à compter de la face
laterale extérieure du ſcep à la
face laterale extérieure du verſoir, qui étant ainſi poſé formera
la largeur du ſillon à chaque trait
de charrue.

L'extrêmité de ce verſoir en
eſt chantournée en creuſant un
peu, comme le déſigne l'ombre
dans la *fig.* 14. *Pl. VII.* & il eſt à

propos que le point *b fig.* 14. excede en dehors le point *a*, au moins de 2 pouces ; & pour l'exécuter, il faut faire ce verfoir d'un bois de 3 pouces environ d'épaiſſeur, qu'on allégera en dedans & en dehors, pour lui faire prendre en dehors la concavité, & en dedans la convexité, qu'on a tâ-ché de repréſenter dans les *Pl. VI. fig.* 2. & 14. *Pl. VII.*

Le verfoir, ou l'oreille, doit être ſolidement arrêté, pour qu'il ne ſoit point dérangé par la réſiſtance des terres : la piece *CD fig.* 14. qui entre dans celle des cornes, d'un côté en *D* & de l'autre dans l'oreille en *C*, le ſoutient puiſſamment : il eſt très-important de mettre ſous l'oreil-le, à la place où elle frotte ſur terre, une bande de fer mince, pour la conſerver, ſans cela elle s'uſeroit trop promptement.

Le coutre *G H Pl. VI. fig.* 1.

doit être de bon fer bien acéré: on fait une entaille dans la fleche pour le recevoir *Pl. VII. fig.* 12. & 13 ; & comme par le travail, le bois ne manqueroit pas de s'émouffer aux points d'appui *C* & *B*, il eft àpropos de pofer contre la fleche, les deux petites pieces de fer *A B*, *C D*, de deux à trois lignes d'épaiffeur, qu'on y attachera avec des vis en bois ; ces pieces de fer empêchent que l'inclinaifon du coutre ne puiffe varier.

On percera le coutre de plu-fieurs trous de *E* en *F* pour le monter ou le defcendre fuivant le befoin. Il eft attaché à la fle-che qui eft percée en *E*, *fig.* 12. pour paffer un boulon de fer à tête quarrée & perdue dans la fleche, comme la *fig.* 10. le mon-tre ; fon autre bout *E fig.* 13. eft en vis ayant fon écroue, au moyen de laquelle on ferre fortement le coutre contre la fleche ; je fais mettre à l'écroue le manche *A, Pl. VI. fig.* 1. qui sert pour la tourner, & qui porte la clef, avec laquelle on pose les écroues des boulons qui tiennent le soc : de cette maniére étant à l'ouvrage, on a toujours la clef des écroues avec soi.

Je fais faire le coutre au plus du poids de 5 à 6 livres de 18 onces ; & je me sers souvent de coutres qui ne pesent que trois livres.

Je pose le coutre, de maniére que sa pointe *G, fig.* 1. déborde en dehors de l'alignement du soc *L C,* d'environ un pouce.

La *fig.* 5. *Pl. VII.* représente le plan du soc, elle en contient les dimensions, de même que les *fig.* 8, 9, & 11. La pointe doit être de bon acier, & le reste de bon fer, ni trop doux, ni trop aigre, afin qu'il ne soit pas sujet à casser

ou à ployer. La queue *AB fig.* 5.
du foc, doit être plus épaiffe depuis *A* en *C*, parce que c'eft la
partie du foc qui doit foutenir le
plus grand effort; elle diminue-
ra d'épaiffeur jufques en *B*, pour
pouvoir attacher le foc au fcep :
cette queue eft percée des trous
ronds *A* & *B fig.* 9. pour y paffer
les boulons de fer *DE*, *FG fig.* 5.
à tête quarrée & perdue dans la
barre de fer; ces boulons traver-
feront le fcep, où ils feront ar-
rêtés , à fon autre face par les
écroues *EG*, j'ai quelquefois pratiqué le troifiéme trou rond *x*
fig. 9. auquel j'ai mis une vis en
bois à tête perdue; elle tient le
foc d'autant mieux attaché au
fcep.

J'ai encore pratiqué à quelques charrues, de percer les trous
ronds *A B fig.* 9. à côté de *A* &
B afin que les boulons *D E*, *FG*
fig. 5. ne traverfent pas les tenons

de l'atteliere & des cornes, &
en place je les ai fait cheviller
avec une cheville de bon bois :
j'ai trouvé que celle - ci tenoit
l'assemblage beaucoup plus serré
que le boulon de fer.

Il faut appliquer du côté gauche la planche mince *N*, *Pl. VI.*
fig. 1. & *Pl. VII. fig.* 14. qui est
mise pour empêcher qu'il ne puisse verser de la terre, entre le soc
& l'oreille. Le travail fait user la
pointe du soc, mais beaucoup
moins qu'à nos charrues ordinaires; de sorte que de tems en tems
il faut porter le soc à la forge pour
rétablir la pointe observant qu'elle doit être un peu inclinée contre terre, comme la *fig.* 1. le représente par la ligne ponctuée
DL, afin que le soc ne touche
sur terre à peu près qu'au point
D & *L*, ce qui en diminue le
frottement.

L'arriere - train ainsi formé,

fera uni à l'avant-train, en enfi-
lant les traverfes *EF, GH, Pl. VII.*
*fig.*2. dans les mortaifes *g* & *h* de
la fleche & tenu en place foit par
les clefs *m*, *n*, ou par les chevilles *p*, *q*. On attéiera les chevaux
en faifant prendre les traits du
premier cheval aux crochets *A,*
C, ceux du fecond cheval pren-
dront également aux crochets
A, C; comme il feront fort longs,
il les faut foutenir dans leur milieu, au poitrail ou collier du premier cheval. Si on employe un
toifieme cheval, fes traits pren-
dront aux traits du fecond. Si
on n'a pas des bœufs dreffés a
être attelés l'un devant l'autre,
je confeille de commencer à fe
fervir de cette charrue avec des
chevaux.

La charrue ainfi équipée, fera
conduitefacilement aux champs,
fi on fait porter fon arriére-train,
fur le petit train de tranfport

ÆW fig. 2. compofé d'un effieu
ÆW des deux rouettes *k i*, *l r*,
& des deux pieces *B t*, *D v* por-
tans les crochets *B* & *D*; les rouettes font de 2 1 pouces à deux piés
de diàmettre , diftantes l'une de
l'autre de 3 piés 6 pouces , &
même jufqu'à 4 piés ; elles feront fort légeres , ayant un très-
petit fardeau à porter ; les crochets des deux pieces *B t*, *D v*
feront accrochés aux anneaux *B*
& *D* pofés aux montans, & ainfi
la charrue fera tranfportée fur
trois roues, les *fig.* 1. & 2. en font
fuffifamment connoître l'ufage
& l'arrangement. La *fig.* 28. *Pl.*
VI. fait voir comment la furface
fupérieure du milieu de l'effieu
de ce petit train de tranfport
doit être oblique, afin que le fcep
& l'aile puiffent s'appliquer parfaitement fur cette furface,

*

Observations pour labourer avec cette charrue.

Comme l'oreille eſt toujours d'un même côté de la charrue, elle renverſe toujours la terre du même côté qui eſt à la main droite du laboureur; & pour abréger ici la deſcription de la façon dont il faut labourer, je prie qu'on liſe à la page 84, 1ʳᵉ Edit. de l'ouvrage de Monſieur Duhamel, ou p. 91. de la 2ᵉ Edit. le paragraphe qui commence par ces mots: *Pour faire comprendre*; & finit: *ligne ponctuée.* Il contient la maniere de labourer avec ma charrue : Pour faire le ſecond labour, on s'y prendra comme il eſt indiqué au même endroit, au paragraphe qui commence par ces mots : *Au ſecond labour.*

Il convient, pour bien labourer, de ne pas prendre une bande de terre trop large ; ſa largeur sera donc prise, selon la qualité de la terre, suivant qu'elle sera forte ou légere, seche ou humide : je la fais prendre assez ordinairement entre 8 à 9 pouces. Quant à la profondeur du sillon, on gouvernera la charrue, pour le faire tel qu'on le jugera nécessaire : j'ai labouré par expérience, jusqu'à un pié de profondeur, mais je ne prenois pas la bande de terre bien large, afin de proportionner la résistance à la force des chevaux ; alors ce travail ne leur étoit pas plus pénible que s'ils avoient labouré seulement à la profondeur de six pouces, & que la bande de terre eût été plus large.

Tous les ouvriers accoutumés à se servir de certains instrumens, ont de la peine à se faire aux nouveaux qu'on leur propose : il leur faut quelque tems pour s'y habituer.

Il en fera de même des laboureurs ; notre charrue fera un
outil nouveau mis entre leurs
mais, il faudra peut-être à quelques-uns, deux ou trois jours de
travail, pour apprendre à la mettre bien en train, tandis que d'autres qui auront plus d'intelligence, excités auffi par l'inclination
& la volonté de s'en fervir, en deux
heures de tems la fauront conduire avec un fuccès complet.

Elle n'exige ni connoiffance
ni adreffe particuliere : je vais indiquer la maniere de faire le premier trait de charrue, ou d'ouvrir
le premier fillon.

Pour ouvrir le premier fillon,
il faut placer la roue au dernier
trou, vers l'extrêmité des montans, ce qui inclinant davantage
le foc contre terre, fait que la
charrue piquera plus profondement dans la terre, & ouvrira le
fillon ; mais comme on trouveroit

roit incommode d'avoir à changer la roue de place, à chaque
premier trait de charrue, on évitera cet inconvénient par une
petite attention ; il faut seulement au lieu de tenir les cornes
de la charrue droites, les faire
pencher à droite ou à gauche ;
car dans cette situation toute la
charrue sera penchée à droite
ou à gauche : mes laboureurs
se sont accoutumés à la faire pencher à la gauche ; alors le soc piquera très-bien dans la terre , &
ouvrira le premier sillon : trois
ou quatre premiers sillons en différentes places qu'un laboureur
aura ouvert , lui feront entierement connoître ce qu'il y a à
faire pour y réussir. Le premier
trait de charrue étant fait, tous
les suivans se feront avec la plus
grande facilité ; & pour ceux-
ci, il faut tenir la charrue droite,
où ne l'incliner que peu , en la

penchant à droite ou à gauche, suivant que la terre l'exigera.

Au surplus quelques jours d'u-sage de cette charrue appren-dront très-aifément aux labou-reurs, la façon de s'en servir.

Je fais prefque toujours tenir la fleche de la charrue fur la gauche de l'avant-train : il eft fa-cile de la porter à l'éloignement qu'on veut qu'il y ait de la rangée des plantes du blé, au trait de la charrue qui en fera le plus prochain.

En avançant la roue, la char-rue piquera plus profondement en terre; en la reculant elle pi-quera moins; fi on veut qu'elle entre plus ou moins dans la ter-re, que ce que peut produire le changement de place de la roue, on a encore un moyen pour l'o-pérer : en defferrant un peu le coin du deffus de la fleche *p, o, fig.* 1. & faifant ferrer d'avanta-

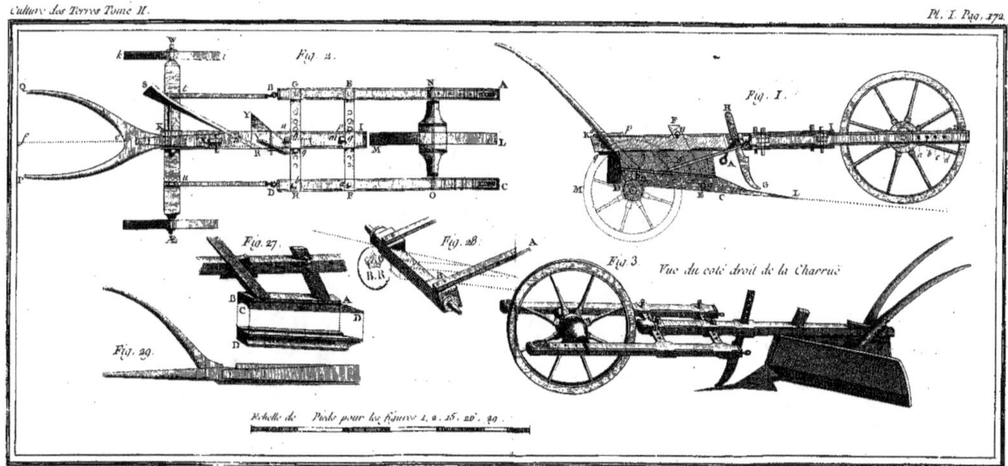
Fig. 2.
Fig. 1.
Fig. 27.
Fig. 28.
B.R
Fig. 29.
Fig. 3.
Vue du coté droit de la Charruë
Echelle de Pieds pour les figures 1. 2. 15. 25. 40.

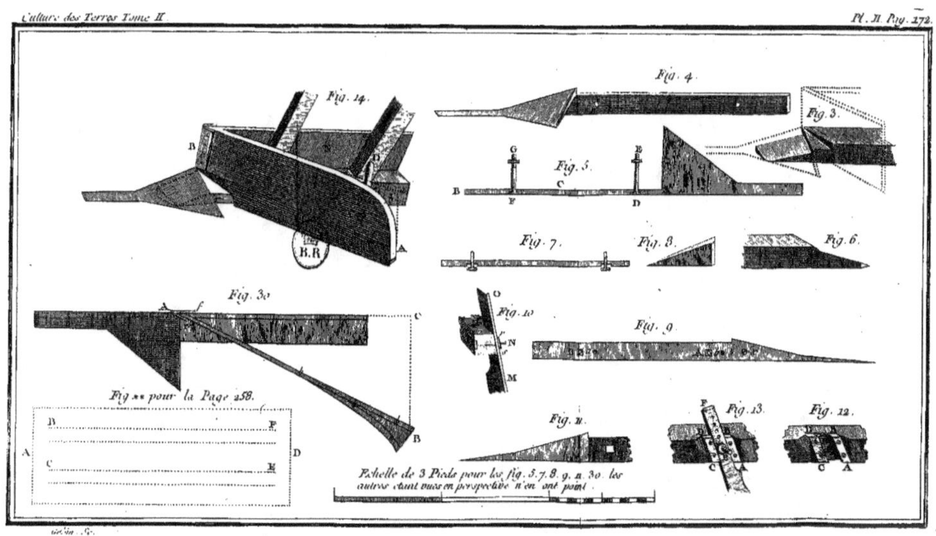

Echelle de 3 Pieds pour les fig. 5. 7. 8. 9. a. 30. les autres étant vues en perspective n'en ont point.

ge le coin *q*, la charrue piquera moins dans la terre ; comme auf-fi elle piquera davantage fi on defferre le coin *q* de deffous, & qu'on faffe ferrer en chaffant plus avant le coin *p*, *o*, de deffus.

On doit conftruire la charrue de bon bois, tel que celui d'Or-me, de Frêne, de Hêtre, &c.

I I I.

Defcription de la charrue que nous avons fait exécuter au Château de Denainvilliers.

Comme nous avons changé l'avant - train de notre charrue pour profiter des avantages que nous appercevions dans celle de M. de Châteauvieux, nous nous contenterons de faire remarquer la différence qu'il y a entre no-tre charrue & la fienne.

1°. L'age *A C B* de notre char-rue, *Pl. VIII.* eft courbe depuis

C jufqu'à *B* ; au lieu que celle de M. de Châteauvieux eft prefque droite dans toute fa longueur.

2°. Il réfulte de cette courbure de notre age, que fon extrêmité poflérieure va s'affembler en *B* avec la partie poftérieure du fcep *E*, après avoir traverfé une mortaife *F*, qui eft à la partie inférieure des manches. Ainfi notre age eft jointe au fcep par fon extrémité *B*, par le bas des manches *F*, & par la fcie *G* ; & dans la charrue de M. de Châteauvieux, l'age eft jointe au fcep par la fcie, par l'attelier qui n'eft point à notre charrue, & par le bas des manches ; car l'age ne répond point au fcep.

3°. Notre verfoir *H I* eft plus léger, & autrement contourné que celui de M. de Châteauvieux. A cet égard chacun peut, & doit même fe conformer à ce qui eft en ufage dans fa Province.

4°. Les deux manches KK, font également éloignés de la prolongée L de l'age, & unis l'un à l'autre par une traverfe M.

5°. Le foc N, eft affez femblable à celui de la charrue de M. de Châteauvieux ; il eft feulement plus court & plus étroit, parce que nous eftimons que le labour en eft plus parfait, quand les raies font plus étroites.

6°. Le coutre O, de notre charrue paffe dans une mortaife qui traverfe l'age qui eft fortifiée en cet endroit par des cercles & des bandes de fer, afin que les coins P, qui affermiffent le coutre, ne faffent point fendre l'age.

Nous croyons que l'arriere-train de notre charrue eft préférable à celui de M. de Châteauvieux, pour les terres douces ; mais il ne feroit pas fi bon dans les terres fortes ; la terre pourroit s'accumuler vis-à-vis la ſcie en *Q*, au lieu qu'elle doit mieux ſe dégager de la charrue de M. de Châteauvieux ; & ſi nous avions reçu plutôt la deſcription de ſa charrue, nous aurions fait l'age tout droit, au lieu de lui donner la courbure *C*, *B*, parce que nous avons des terres qui ſont aſſez fortes.

7°. L'age *C A*, eſt fixée aux traverſes *R R*, de notre avant-train par des vis & des écroues *S S*.

8°. Les limons *T T*, ſont affermis en avant par une traverſe *V*, qui donne beaucoup de ſolidité à l'avant-train, & qu'on ne peut mettre à la charrue de M. de Châteauvieux ; non ſeulement parce que la roue eſt trop grande, mais encore parce que, pour piquer plus ou moins, il faut l'avancer ou la reculer.

Notre roue eſt plus petite que celle de M. de Châteauvieux,

parce que l'eſſieu, au lieu d'être reçu dans les limons *TT*, paſſe dans des chantignolles *X*, qui ſont attachées aux limons, par les boulons à vis *YY*.

Les avantages d'avoir la roue plus petite, ſont, 1°. que la charrue eſt moins ſujette à déverſer ; elle ſe tient plus aiſément droite ; 2°. qu'on peut mettre la traverſe *V*, qui rend l'avant-train plus ſolide ; 3°. qu'on peut faire l'avant-train plus court.

Par la ſeule inſpection de la figure, on voit, que pour faire que la charrue pique plus ou moins, il ſuffit de viſſer plus ou moins les écroues *Y*, & de mettre une cale plus ou moins épaiſſe, entre la chantignolle & le limon : cette manœuvre eſt plus prompte & plus aiſée, que celle de changer la roue de place. Néanmoins nous en avons encore imaginé une beaucoup plus simple : il ne s'agit que de mettre sous les limons *TT*, un faux limon *ZZ*, qui soit à charniere en *&* ; car en mettant la cheville *a*, dans un des trous *b*, on éleve ou on abaisse l'age tant qu'on veut, en un instant, & sans changer la roue de place.

Il est encore évident, que pour donner plus ou moins d'entrure, il n'y a qu'à porter plus ou moins l'age du côté du limon droit ; car il faut que les chevaux que je fais atteler l'un devant l'autre, passent aussi-bien que la roue dans le sillon précédemment formé, & que le charetier marche dans le sillon que la charrue ouvre actuellement.

d d. Crampons pour atteler les chevaux.

e e. Crampons qui doivent retenir le train de transport.

ff. Chevilles qui assujettissent la scie.

g g.

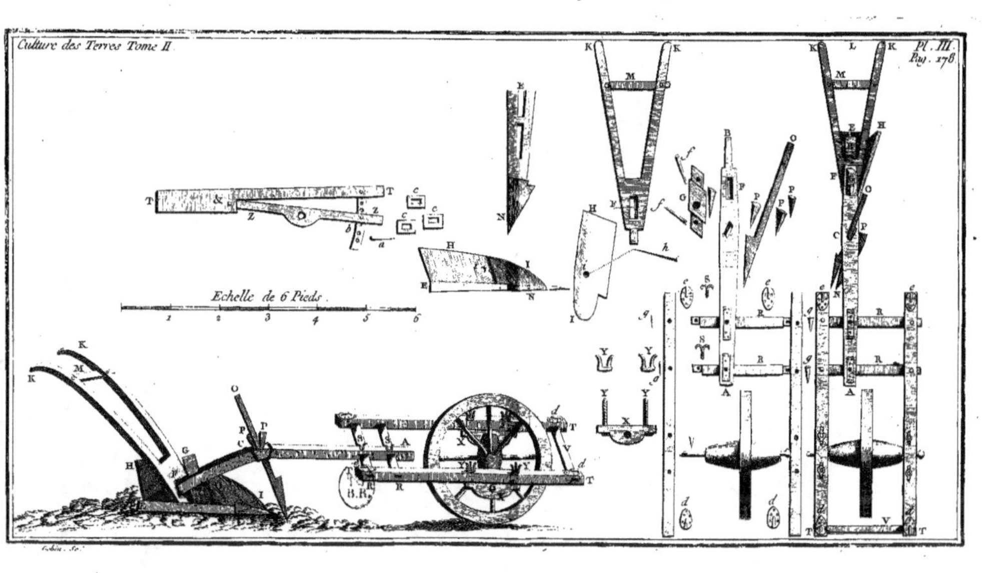

Culture des Terres Tome II.
Pl. III.
Pag. 178.
Echelle de 6 Pieds.
1 2 3 4 5 6

gg. Chevilles qui retiennent les traverfes.

h. Grande cheville qui paffe dans le trou *i*, pour affermir le verfoir.

I V.

Defcription du Cultivateur de M. de Châteauvieux.

Après avoir vu, dit M. de Châteauvieux, le fuccès de ma charrue pour faire les labours de culture dans les plate-bandes entre les rangées de blé, je crus que l'inftrument que je vais d'écrire, beaucoup plus fimple & plus léger, ferviroit utilement pour faire ces cultures, ou du moins qu'on s'en pourroit fervir alternativement avec la charrue, dont on feroit même feulement ufage, lorfqu'on trouveroit néceffaire de renverfer une plus grande quantité de terre contre

Q

les rangées de blé ; car on obfer-
vera que le *Cultivateur* ne chan-
ge prefque pas la terre de place,
mais qu'en celle où elle eft , il
la divife, l'ameublit, & l'entre-
tient légere ; état où les racines
la peuvent aifément pénétrer.
Cet inftrument eft comme un Mi-
neur qui fouille la terre par deffous, qui en la tranchant, la fou-
leve & l'ameublit ; il a encore
cet avantage , qu'un feul cheval
fuffit pour le tirer. Le cultivateur
Pl. IX. eft compofé d'une fleche
A B fig. 32 , des cornes *C D* , &
de la patte ou foc *E F* qui eft repréfentée en détail dans les *figu-*
res 21, 22, 23, 24, 25.

La fleche *A B* a de longueur
trois piés & demi à quatre piés;
elle doit avoir au plus trois pouces de diametre ; taillée, fi on le
veut, un peu en rond , ou à quatre faces dont on abatra les a-
rêtes ; on y fera les mortaifes

fous les lettres G, H, pour la pouvoir enfiler par les traverfes I, L, de même qu'à l'avant-train de la charrue ; & on l'affujettira par les clefs K, M, ou par les chevilles a, b. On pofera le milieu des cornes vis - à - vis la fleche, c'eft-à-dire, que leur vuide foit moitié d'un côté & moitié de l'autre : on doit faire ces cornes d'un bois moins fort que celles de la charrue ; elles feront affemblées avec la fleche par un tenon en mortaife, chevillé en N, & l'affemblage fera fortifié par la jambette P.

Le foc ou la patte a fon extrêmité applatie, A *fig.* 22 ; les deux petites ailes B, C, applaties. Le manche recourbé A B C *fig.* 23, doit être très-angulaire, & un peu tranchant par devant pour tenir lieu de coutre, comme on le voit dans les coupes *fig.* 21 & 24.

Ce foc fera placé fous la fleche, dans une entaille repréfentée par les *fig.* 16, 17, où il fera arrêté par une feule virole *fig.* 20. Si on trouve qu'il pique trop avant dans la terre, on le moderera par le changement de la roue, comme à la charrue, ou en mettant un très - petit coin *g*, *fig.* 18, entre le manche de la patte & la fleche ; s'il ne s'enfonce pas affez en terre, il faut mettre le coin en *h*, *fig.* 19, à l'autre bout du manche, contre le crochet.

Lorfqu'on veut fe fervir de cet inftrument, il faut en fubftituer la fleche à celle de la charrue qu'on ôtera ; alors on l'enfilera par les mortaifes *G, H, fig.* 32, aux traverfes *I, L,* de l'avanttrain de la charrue. Ce cultivateur eft très-aifé à conduire : le laboureur, le tiendra droit, ou le fera pencher à fa droite où à fa

gauche, felon que l'exigera la culture qu'il voudra donner. Le foc
& fon manche entrent entierement dans la terre fi on veut donner une culture profonde , &
alors la queue *A* de la fleche
touche la terre ; quoique le foc
foit affez petit, il remue la terre
d'un bon pié de largeur : fa pointe doit être d'acier, & un peu
inclinée contre terre.

En plaçant la fleche dans le
bâti, on a la facilité , comme à la
charrue, de faire le trait du cultivateur à la diftance qu'on voudra des rangées de blé.

V.

*Defcription d'un Cultivateur dou-
ble que M. de Châteauvieux
nomme* Patte d'Oie.

Cet inftrument *fig.* 26 & 31, eft
un cultivateur à deux pattes ou à
deux focs. Il a une fleche *A B* ;

les pattes *CD* , *E F* font tout-à-
fait femblables à celle que nous
venons de décrire : je n'ai à en
décrire que leurs différences. La
fleche doit avoir 10 à 12 pouces
de plus de longueur : il y a de plus
à la fleche les mortaifes fous les
lettres *G* & *H* pour y enfiler les
traverfes *E K* , *I L* , qui portent
les manches *MN*, *OP* des focs ;
les traverfes *EK*, *IL* , font chevillées à demeure à la fleche, les
manches *MN*, *OP*, font mobiles
fur les traverfes, auxquelles on
les arrête par les clefs *R*, *S*, *Q*, *T* ;
ainfi on peut augmenter ou di-
minuer la diftance qu'il y a entre
les focs , felon que la qualité de
la terre le peut permettre.

On fait une très-bonne culture avec cet inftrument, & beaucoup d'ouvrage en peu de tems ;
chaque patte ayant environ 15
pouces de largeur en *A C*, *B D*
fig. 15, la diftance entr'elles pou-

vant être de *A* en *B fig*. 15 , d'environ quatre pouces, & même jusqu'à six pouces ; & sur l'extrêmité des ailes extérieures *C* & *D* , le terrein étant remué environ deux pouces de chaque côté en dehors des ailes , fait qu'à chaque trait que font les pattes d'oie, on cultive environ deux piés de terre en largeur. Il faut atteler deux chevaux à ces pattes d'oie , à moins que les terres ne soient extrêmement légeres , car alors je pense qu'un cheval pourra suffire ; mais je n'en ai pas fait l'essai.

Si on vouloit placer un coutre en avant , posé au milieu de la fleche , pourvu néanmoins qu'il soit très-léger , je n'en prevois aucun inconvénient , quoique je ne l'y aie pas encore appliqué.

Pour se servir des pattes d'oie, il faut en enfiler la fleche *A B fig*. 31 , aux traverses *V*, *X* de l'avant-train de la charrue.

Je recommande extrêmement qu'on évite de trop charger les épaiffeurs des bois, en les faifant plus fortes que les dimenfions que je prefcris. Car plus ces inftrumens feront légers, & plus facilement les beftiaux laboureront.

Nous n'avons fait exécuter ni le Cultivateur fimple, ni les Pattes d'Oie que M. de Châteauvieux a imaginés ; mais nous penfons que ces inftrumens font très-bons, & nous invitons ceux qui voudront pratiquer la nouvelle culture à s'en pourvoir ; ils en retireront une grande utilité pour faire les labours d'Eté.

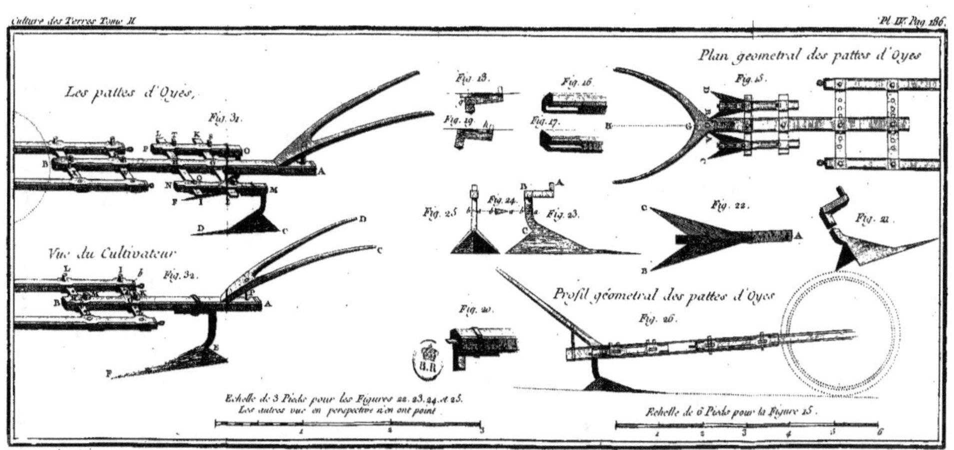

Culture des Terres Tome II
Pl. IV. Pag. 186.
Les pattes d'Oyes.
Fig. 31.
Vue du Cultivateur
Fig. 32.
Plan géometral des pattes d'Oyes
Fig. 13.
Fig. 19.
Fig. 16.
Fig. 17.
Fig. 18.
Fig. 25.
Fig. 24.
Fig. 23.
Fig. 22.
Fig. 21.
Fig. 20.
Profil géometral des pattes d'Oyes
Fig. 26.
Echelle de 3 Pieds pour les Figures 22. 23. 24. et 25.
Les autres vue en perspective n'en ont point
Echelle de 6 Pieds pour la Figure 18.
B.R.

CHAPITRE III.

Abrégé des obfervations Botanico-Météorologiques , faites au Château de Denainvilliers près Pethiviers en Gâtinois pendant l'année 1752.

JANVIER.

Uoiqu'il ait gelé très-fouvent pendant le mois de Janvier , & qu'il y ait prefque toujours eu de la neige fur le revers des foffés , on peut dire en général que ce mois a été plus humide que froid ; le thermometre n'ayant pas defcendu plus de cinq degrés au-deffous de zero. La riviere d'Effonne a débordé deux fois.

On a avancé les labours pour les Mars, parce que la terre n'étoit point gelée fous la neige.

Les blés étoient bien verds sans être forts ; le blé a diminué pendant ce mois d'environ 3 liv. par sac, de sorte qu'on trouvoit du blé vieux à 24 liv. & du nouveau à 18 ou 20 liv. cependant les gerbes rendoient fort peu : un fermier de Beausse n'a retiré que 24 sacs de mauvais blé, chargé de graines dans 24 arpens de terre. L'avoine a aussi diminué de prix, & ne coûtoit que 6 liv.

Les perce-neiges & l'ellébore noir à fleurs de renoncule, ont fleuri vers la fin du mois.

Les sources les plus élevées sur la côte ont cessé de pousser.

Les perdrix commençoient à s'apparier, & on prenoit des mâles à la chanterelle.

Les vignerons ont achevé pendant ce mois de donner aux vignes la façon d'hyver.

FÉVRIER.

Pendant le mois de Février, l'air a toujours été froid & incommode ; néanmoins le thermometre n'a pas été plus de 3 degrés au-deſſous de zero, & il a ſouvent été 5 & 6 degrés au-deſſus : auſſi les cornouilliers & les noiſettiers ont fleuri. Les chatons des noyers ſe ſont allongés, & on a vu ſur les tapis des fleurs de pâquette.

Les blés étoient extrêmement verds, néanmoins le prix en a un peu augmenté. Le vieux ſe vendoit 27 liv. 10 ſ. le nouveau 24, & l'avoine 7 liv. le ſac.

On a continué les labours pour les Mars, & les vignerons ont commencé à tailler la vigne.

MARS.

Il a regné pendant tout ce mois un vent fort hâleux qui a

beaucoup desséché la terre. Le commencement étoit sec & fort doux, mais quoique le thermometre n'ait pas descendu à plus d'un degré au-dessous de zero, il est tombé vers la fin des ondées de grêle & de neige qui rendoient l'air fort incommode. Ces fraîcheurs ont fait jaunir les blés, néanmoins le prix s'en est entretenu le même.

Au commencement du mois les boutons des poiriers commençoient à grossir. Vers le 9. on voyoit quelques papillons citrons. Le 12. on trouvoit des fleurs de violette aux endroits exposez au midi & les abricotiers étoient en fleur. Vers le milieu du mois, les narcisses jaunes & les jacinthes étoient fleuris.

Le 20. on voyoit des abeilles sur les fleurs des abricotiers, & les pêchers commençoient à

fleurir. A la fin du mois les pê-
chers étoient en pleine fleur, &
les groseilliers avoient des feuilles.

On a fort avancé les femailles
des grains printaniers pendant ce
mois, & les vignerons ont continué de tailler la vigne dont le
bois paroiffoit bien conditionné.

AVRIL,

Quoique le thermometre n'ait
pas beaucoup defcendu au-deffous de zero, le vent de Nord
qui a toujours été violent, rendoit
l'air fort incommode, & deffé-
choit beaucoup la terre.

Malgré cette fécherefse les
avoines ont levé, mais elles é-
toient fort baffes & avoient grand
befoin d'eau. Les blés n'avoient
pas beaucoup d'herbe, mais elle
étoit fort verte.

Quoique plufieurs fleurs d'a-
bricotiers euffent été endomma-

gées, il restoit encore beaucoup d'abricots. Les feuilles des pê-chers étoient chiffonnées, ou, comme disent les jardiniers, *brouies*. Les boutons de la vigne grossissoient.

Plusieurs especes de poires, comme le doyonné, avoient noué leurs fruits : les autres étoient en fleur ainsi que les cerisiers.

Le 3. on commença à voir quelques pro-scarabées. Le 9. l'épine blanche commençoit à prendre un peu de verdure, & on vit les premieres hirondelles. Le 16. on entendit chanter le rossignol & le coucou. Le 19. la vigne commençoit à pleurer ; & les marronniers, ainsi que quelques tilleuls, avoient des feuilles. Le 23. les pommiers & les pruniers étoient en fleur, & les seigles à l'abri des maisons commençoient à montrer leurs épis. A la fin du mois on commença à voir des hannetons.

Les Fermiers ont labouré pendant ce mois les guérets. Les vignerons ont donné la premiere façon du printems aux vignes, mais ils ne pouvoient piquer les échalas parce que la terre étoit trop dure ; néanmoins quelques sources qui avoient tari pendant l'hyver ont recommencé à couler.

Le prix du blé s'est entretenu pendant ce mois entre 23 & 26 livres.

Plusieurs enfans ont été attaqués de fievres malignes.

M A I.

Les ondées de grêle & de neige, qui ont continué au commencement du mois, ont rendu l'air fort incommode ; & le vent hâleux qui a regné pendant tout le mois, a fait que la terre a toujours été si seche qu'on a discontinué les labours.

Le 6. les boutons des ormes & de la vigne commençoient à s'ouvrir, & un sep de vigne de Canada que nous avons en espalier, avoit des bourgeons de 8 pouces de longueur. Le 21. on vit beaucoup de papillons blancs. Les blés étoient toujours fort bas, mais bien verds. Les avoines souffroient beaucoup de la sécheresse.

Les fraîcheurs presque continuelles qui ont gâté les fleurs des pommiers, n'ont pas fait beaucoup de tort à la vigne.

Il y a eu peu de hannetons. Vers la fin du mois la vigne de Canada étoit en fleur, mais il n'y a pas eu un grain qui ait noué.

Les sainfoins étoient en fleur quoique fort bas.

Le prix du blé à un peu augmenté ; il y en a eu de vendu 28 liv. & l'avoine 9.

JUIN.

JUIN.

La sécheresse a continué pendant tout ce mois, néanmoins il est survenu quelques pluies qui ont fait beaucoup de bien aux orges & aux avoines.

Le 4. les cantharides ont commencé à paroître sur les chevrefeuilles & sur les frênes.

Le 5. la feuille des blés étoit rouillée, néanmoins ils commençoient à épier, quoique la paille fût fort courte. Vers ce tems on servit des petits pois, des fraises, des artichaux & des cerises précoces.

Le 12. il survint un orage assez considérable avec de la pluie qui a fait beaucoup de bien aux blés & aux avoines. Le 17. on serroit les sainfoins, les blés étoient en fleur, & les avoines épioient.

Le 25. la vigne étoit en plei-

ne fleur, & les orangers commençoient à fleurir.

Le 27. les feigles commençoient à jaunir : on avoit coupé
des efcourgeons, & on fouhaitoit
de la pluie pour les avoines , &
pour recommencer les labours.
Le 30. les blés étoient hors de
fleur , & quoiqu'ils euffent peu
tallé, ils étoient affez fournis, parce qu'ils avoient peu fouffert
pendant l'hyver.

La fleur de la vigne avoit été
affez heureufe , & les vignerons
s'occupoient à donner la feconde
façon.

JUILLET.

Quoique ce mois ait été ora-
geux & pluvieux , la terre étoit
fort feche, s'il fe paffoit quelques
jours fans pluie ; néanmoins les
pluies étoient très-avantageufes
pour les blés & les avoines, mais
elles occafionnoient de la peine
pour faner les foins & ferrer les

feigles qu'on avoit commencé à fcier le 18.

Le 20. on fervit cette prune qu'on nomme la jaune hâtive, parce qu'elle mûrit avant toutes les autres.

Le 24. on commenca la moiffon des méteils.

A la fin du mois on fervoit encore des abricots avec des pêches, plufieurs efpeces de prunes, des melons; & on commenca à couper les fromens.

La grêle du 10. défola vingt-cinq paroiffes, & elle paffa fur un coin de nos terres qu'elle endommagea.

Dans plufieurs endroits il fe formoit dans les grappes des vers qui détruifoient beaucoup de verjus : mais en général la vigne faifoit affez bien ; car quoiqu'il y eût beaucoup de grains coulés, il en reftoit néanmoins affez de bons pour fournir les grappes dans le tems de la maturité. Les vignerons donnoient les derniers labours.

A la fin du mois on portoit au marché du seigle nouveau qui se vendoit 9 à 10 liv. & du froment depuis 19 jusqu'à 23 liv.

Aoust.

Ce mois a été pluvieux & frais, ce qui a rendu la moisson très-difficile. La paille du froment étoit fort courte, mais les épis étoient assez longs & bien garnis de bon grain : c'est dommage que les grains semés aient peut allé.

Comme on a été fort long-tems à semer les avoines, il y en a eu qui ont mûri avec les blés, & celles-là commençoient à germer quand les interruptions des pluies ont permis de les enlever. Le tems est venu très-favorable pour les avoines tardives, & il y en a eu peu qui ne foient pas parvenues à une parfaite maturité. Nous en avons vû faucher après vendanges dans des terres fortes. Celles-là fournifloient beaucoup de paille, mais peu de grain.

Vers le milieu du mois on fervoit des figues.

Malgré les pluies du mois d'Aouft, le niveau des eaux baiffoit.

Le froment pour les femences s'eft vendu 26 liv. celui de mouture 17 à 23 liv. & l'avoine 8 à 9 liv.

SEPTEMBRE.

Il eft tombé peu d'eau pendant ce mois, mais l'air ayant toujours été frais, les raifins ont peu mûri. Vers le 15. les vignes plantées dans les terres légeres fe dépouilloient, & les feuilles des tilleuls jauniffoient.

A la fin du mois on trouvoit dans les vignes des grappes pref- que noires, d'autres qui étoient rouges, & d'autres qui ne com- mençoient point à tourner. Vers ce tems prefque toutes les hiron- delles étoient parties.

Grace à la féchereffe, les me- lons qui ont mûri pendant ce mois, étoient beaucoup meilleurs que ceux qui avoient mûri dans le précédent.

Octobre.

Il n'eft pas tombé une goutte d'eau pendant ce mois; & le vent ayant toujours été au Nord, l'air étoit froid & incommode. On a commencé la vendange avec le mois; & comme la maturité des raifins étoit fort inégale, les per- fonnes attentives n'ont d'abord fait cueillir que les raifins mûrs, & ils ont fait plufieurs cuvées dont le vin s'eft trouvé de qualité fort différente.

*Le 8. les safrans étoient en pleine fleur, & comme ils ont donné abondamment, on avoit peine à vaquer en même tems à éplucher cette fleur, & aux travaux des vendanges.

Quoique la terre fût très-seche & en poussiere, on a semé presque tous les blés pendant ce mois.

NOVEMBRE.

Ce mois s'est encore passé sans pluie. Les rosées & les brouillards pouvoient à peine empêcher la poussiére de s'élever. L'air continuoit à être froid, & il geloit quelquefois à glace.

Les fermiers profiterent des petites rosées pour faire passer un rouleau sur les blés, afin de rompre les mottes.

A la fin du mois il y avoit beaucoup de terres ensemencées, où l'on n'appercevoit la pointe des premieres feuilles, que dans le bas des pieces; on ne voyoit rien sur les hauteurs où la terre étoit plus seche : quelques fermiers crurent devoir resemer ces endroits; mais les autres ayant cherché la semence en terre, & l'ayant trouvé aussi saine que dans le grenier, jugerent qu'il étoit inutile de répandre de nouvelle semence.

On étoit véritablement, & avec raison, inquiet de ne point voir sortir de terre des grains qui y étoient depuis deux mois : car on ne pouvoit douter que quantité d'animaux & d'insectes n'en détruisissent beaucoup. Ces craintes occasionnoient un peu d'augmentation sur le prix du froment : il se vendoit 23 & 24 liv. & l'avoine 8 & 9 liv.

D E'C E M B R E.

Quoiqu'il ne ſoit point ſurve-nu de pluies abondantes pen-dant ce mois, le commencement a néanmoins été humide, & à la fin du mois les blés les premiers ſemés, étoient à peu près dans le même état où ils ſont ordinai-rement à la Touſſaints, & plu-ſieurs ne paroiſſoient point du tout.

Idée générale de la température de l'air & des productions de la terre pendant l'année 1752.

Les mois de Janvier & de Fé-vrier ont été fort humides, mais la ſéchereſſe a régné pendant les mois de Mars, Avril, Mai & Juin. Celui de Juillet & le com-mencement d'Aouſt ont été fort pluvieux ; le reſte de l'année s'eſt paſſé preſque ſans pluie.

L'hyver a été fort doux. Quoi-

S

qu'il ne soit point survenu de fortes gelées au printems, l'air a toujours été très-froid, & il a gelé assez souvent jusqu'à la fin de Mai. Les mois de Juin & de Juillet ont été assez chauds. Le mois d'Aoust a été frais, & le froid a été incommode pendant les mois de Septembre & d'Octobre. Il n'y a point eu de fortes gelées pendant les mois de Novembre & Décembre.

B L E's.

Il faut se souvenir que la levée avoit été fort belle à l'Automne de 1751. Comme il n'y avoit point eu de fortes gelées, les blés n'avoient point souffert pendant l'hyver : mais le printems ayant été assez sec & froid, ils sont restés dans l'inaction jusqu'au mois de Juin, où ils ont monté en tuyau sans avoir tallé & sans avoir beaucoup poussé en feuilles. La sécheresse de ce mois a fait que les tuyaux se sont peu élevés & que la paille est restée courte ; de plus il est survenu dans ce tems des brouillards qui ont rouillé les feuilles , & on craignoit d'être réduit à une très-médiocre récolte ; ce qui seroit sans doute arrivé si la rouille avoit attaqué les tuyaux , & s'il n'étoit pas survenu en Juillet des pluies d'orage , qui ont fait prendre un peu de verdeur aux blés qui jaunissoient & qui alloient mûrir avant que le grain fut formé : alors ils sont rentrés en seve , l'épi est devenu assez gros & s'est rempli de bon grain.

Les pluies ont rendu le commencement de la moisson très-pénible ; néanmoins peu de grains ont germé dans les javelles.

Comme la paille étoit fort courte , les granges n'ont point été remplies. Mais les gerbes rendent affez en grain : 14 à 15 gerbes donnent 80 liv. de froment. Dans les meilleures années il faut douze gerbes pour avoir cette quantité de grain.

Le grain eft de bonne qualité, quoiqu'il foit mêlé de différentes graines. Il y a eu du niellé & du charbonné en quelques endroits ; mais beaucoup moins qu'en 1750 & 1751. Depuis la moiffon, le prix du fac de blé d'élite pefant 240 liv. a varié depuis 22 jufqu'à 28 liv.

A V O I N E S.

On fait que la terre a été très-feche pendant les mois de Mars & d'Avril. Les vents hâleux & le foleil enlevant tout d'un coup le peu de pluie qui tomboit de tems en tems, il s'en eft fuivi que les labours ont fouvent été interrompus à caufe de la dureté de la terre, & on a été réduit à profiter des pluies pour labourer immédiatement après ; souvent elles n'étoient pas assez abondantes pour pénétrer les terres fortes. Ces accidens ont été cause qu'on a tardé très-longtems à mettre les avoines en terre : toutes ont été semées dans la poussiere, & ont été longtems à sortir de terre. Cependant les pluies d'orage sont venues si à propos, que ce même grain a bien réussi ; car si on en excepte quelques avoines des plus tardives qui n'ont donné que du fourrage, les autres ont fourni beaucoup de paille & de grain.

Néanmoins l'avoine a toujours été chere : elle s'est vendue 8 & 9 liv. le sac ; ce qu'on peut attribuer à ce qu'il s'en est fait en 1751, une grande consommation, parce que les fermiers qui avoient très-peu recueilli de froment, ont affouragé leurs troupeaux avec de l'avoine.

ORGES.

Les orges n'ont pas bien réuſſi : la plupart n'ont donné que le
double de la ſemence.

GROSSES LE'GUMES.

Les pluies d'orage étant venues à propos, les pois, les feves, les haricots, les veſces, les
lentilles ont bien réuſſi.

SAINFOINS.

Les ſainfoins ont fleuri preſ-
qu'au raz de terre; c'eſt pourquoi l'herbe étoit fort courte,
mais bien fournie; ainſi la récolte de ce fourrage a été médiocre
pour la quantité, mais de très-
bonne qualité.

FOINS.

Les mois de Mars, Avril,
Mai & Juin ayant été fort ſecs,

l'herbe des prés a été baſſe ; &
les fraîcheurs qui ont duré juſqu'en Juin , ont fait qu'elle a
fleuri fort tard ; de ſorte que les
prés n'ont été bons à faucher
qu'en Juillet. Mais alors les pluies
étant continuelles , la plus grande partie des foins a été perdue.
Nous avons pris le parti de les
laiſſer ſur pié juſqu'au beau
tems , quoique l'herbe commen-
çât à jaunir ; & nous les avons
ſerrés fort à propos. Cette trop
grande maturité a fait qu'ils ſont
un peu jaunes; néanmoins la qualité en eſt bonne : ils ſont de
bonne odeur , & les chevaux
s'en accommodent bien.

Nous avons dit que l'herbe
étoit baſſe , mais elle étoit bien
fournie du pié ; & comme elle
avoit pris ſon accroiſſement pendant la ſéchereſſe , elle a peu diminué en ſe deſſéchant , & la récolte en a été aſſez bonne.

S iv

CHANVRES.

Comme on seme le chanvre dans des terreins bas, qu'on nomme des *courtils*, il y en a eu d'inondés par le débordement des rivieres. Outre cela le canton qui en fournit le plus dans notre province, ayant été grêlé, la filasse est fort chere : celle qui est brute ou en branches se vend 7 à 8 f. la livre.

SAFRANS.

La récolte du safran a été des meilleures pour la quantité & pour la qualité ; aussi la livre ne s'est-elle vendue que 18 à 19 liv. quoique la plus grande partie ait coûté 6 livres, seulement pour l'éplucher.

ABEILLES.

Elles ont très-bien fait l'Eté pour la récolte de la cire & du miel ; mais il y a eu peu de bons effains ; & les paniers qu'on a changé, ont péri à la fin de l'Automne, parce que la grande féchereffe a rendu les fleurs automnales fort rares.

VIGNES.

Dans le tems de la taille le bois étoit dur : c'eft un bon figne ; mais la moëlle étoit abondante , & les boutons petits ; ce qui n'annonçoit pas beaucoup de grappes. Les vignes en ont cependant été affez bien garnies : il n'y en a eu que peu d'endommagées par les gelées du printems. Les fraîcheurs de l'Eté ont fait couler beaucoup de grains ; malgré ces accidens il en reftoit affez pour que les grappes parvenues à leur maturité, fuffent bien garnies. La fraîcheur ayant continué depuis la fin d'Aouft jufqu'à la vendange, les raisins ont eu bien de la peine à mûrir ; & nous avons été obligés de faire trois vendanges & trois cuvées, pour ne point mêler les raisins verds avec les mûrs ; ce qui a donné du vin de différente qualité.

La premiere cuvée qui seule mérite attention, a bouilli assez promptement ; & n'a jetté qu'une écume couleur de rose ; néanmoins ce vin a une assez belle couleur, & est le meilleur que nous ayons recueilli depuis 1746. On en est uniquement redevable à la sécheresse du mois de Septembre, qui a continué en Octobre pendant la vendange ; car si on avoit vendangé pendant la pluie, on auroit fait d'aussi mauvais vin que l'année derniere.

Quoique les raisins de la seconde cuvée aient resté aux vignes, dans l'espérance qu'ils y mûriroient , leur qualité eft inférieure au vin de la premiere cuvée.

La troifieme cuvée qui a été vendangée plus de trois femaines après la premiere, a très-peu de qualité.

La récolte a été de 4 à 5 pieces par arpent de 22 piés par perche : c'eft bien peu pour le Gâtinois.

Les vignes plantées dans les terres légeres , s'étant dépouillées de bonne heure , tout le vin a été de la qualité de la troifieme cuvée.

Toutes ces différentes qualilités dans les vins récoltés cette année , produifent de la différence fur le prix : il y en a dans les mêmes caves qui fe vendent un tiers plus que d'autres.

INSECTES.

Il n'y a presque pas eu de hannetons ni de chenilles, excepté celle du chou, qui n'a fait qu'un tort médiocre à cette légume ; quoiqu'il y ait eu une prodigieuse quantité de papillons blancs qui la produifent.

On a lieu d'appréhender qu'il n'y ait beaucoup de chenilles l'année prochaine ; car on voit beaucoup de bagues & de fourreaux fur les arbres.

Les cantharides ont dépouillé les chevre-feuilles, les lilas, le xylostheon & prefque tous les frênes, excepté ceux à fleur qui ont fur les autres le grand avantage de n'être jamais attaqués par cet infecte.

FRUITS.

Il y a eu beaucoup de cerifes, un peu d'abricots & de pêches, très-peu de poires, encore moins de prunes & de pommes; point de coings, beaucoup de noix, de noisettes, d'azeroles, de senelle & de nefles; peu de chataignes; point de gland ni de fênes.

GIBIERS.

Il y a eu beaucoup de cailles, de grives & d'alouettes; mais ces deux derniers oiseaux ont toujours été maigres : nous n'avons presque pas eu de perdrix. Outre que les pluies d'orage & la grêle ont sans doute fait périr les nids, comme les blés étoient fort bas, les perdrix ont fait leurs pontes dans les sainfoins où les œufs ont été perdus. Nous avons eu médiocrement de lievres ; & on a remarqué qu'on ne trouvoit presque point de sangliers dans les forêts d'Orléans & de Fontainebleau.

SEMIS ET PLANTATIONS.

Les semis d'arbres que nous avons faits, ont assez bien réussi ; & la reprise des arbres nouvellement plantés, a été fort heureuse. Nous avons seulement perdu beaucoup de beaux merisiers plantés depuis deux ou trois ans : ils sont morts subitement d'un épanchement de gomme.

LEVE'E DES BLE'S.

Quoiqu'il soit tombé assez d'eau en Décembre pour faire germer les blés qui étoit en terre depuis près de deux mois , l'air a toujours été trop froid pour qu'ils aient beaucoup profité ; ainsi le 16 Décembre ils ne faisoient que sortir de terre , & la terre ne prenoit encore aucune apparence de verdure. A la fin du mois, les blés étoient communément dans l'état où ils

font ordinairement à la Touf-
faints.

N I V E A U   D E S   E A U X.

Les fources fort élevées fur la
côte, qui avoient paru l'année
derniere, ont tari ; mais celles
qui étoient plus baffes ont toujours fourni beaucoup d'eau.

M A L A D I E S.

Il n'a regné cette année aucune maladie épidémique, ni fur
les hommes ni fur les beftiaux.

FIN.

TABLE

TABLE

DES MATIERES

Contenues dans le Supplément de l'Année 1752.

FIN.

Les Approbations & le Privilége se trouvent dans la nouvelle Edition du Traité de la Culture des Terres, *en deux Vol.* in-12.